数字摄影与图像处理

段向阳　张　华　编著

图书在版编目（CIP）数据

数字摄影与图像处理／段向阳，张华编著．—杭州：浙江大学出版社，2012.7(2015.7 重印)
ISBN 978-7-308-10127-1

Ⅰ.①数… Ⅱ.①段… ②张… Ⅲ.①数字照相机—摄影技术—高等学校—教材 ②图象处理软件—高等学校—教材 Ⅳ.①TB86 ②J41 ③TP391.41

中国版本图书馆 CIP 数据核字（2012）第 137559 号

数字摄影与图像处理
段向阳　张　华　编著

责任编辑　张凌静(zlj@zju.edu.cn)
封面设计　续设计
出版发行　浙江大学出版社
(杭州市天目山路 148 号　邮政编码 310007)
(网址：http://www.zjupress.com)
排　　版　杭州中大图文设计有限公司
印　　刷　杭州半山印刷有限公司
开　　本　787mm×1092mm　1/16
印　　张　11.75
字　　数　250 千
版 印 次　2012 年 7 月第 1 版　2015 年 7 月第 2 次印刷
书　　号　ISBN 978-7-308-10127-1
定　　价　25.00 元

浙江大学出版社发行部联系方式：0571—88925591；http://zjdxcbs.tmall.com

前　言

摄影是一门技术，它离不开光学、机械、电子和计算机等技术的支持；摄影是一门艺术，它是吸收绘画、文学等姊妹艺术精华后而逐渐壮大起来的；摄影是一门光影技术，它需要拍摄者学会运用不同的光线，来描绘物体各种形态、色彩和质感，用其表达拍摄者内心的感受。

本书根据教育部《关于加强高等教育人才培养工作意见》等文件精神，以“摄影与成像技术”选修课教学大纲为主要依据，根据高等学校对培养人才的要求编写而成。本书以光学成像原理和图像处理为主线来介绍摄影技术，希望这种处理方法能使学生更容易了解摄影中的光学现象和图像处理方法，以便更好地掌握摄影技术以及摄影技巧。

《数字摄影与图像处理》全书共分为 11 章，1～3 章分别介绍了摄影光学知识和摄影器材，4～8 章分别介绍摄影构图原理与技巧、人像摄影、自然景观摄影、摄影技巧、科技摄影等内容，9～11 章分别介绍了数字图像处理、传统摄影及图像处理和现代光学图像处理技术。

本书可作为高等院校公共选修课的教材，也可作为职业培训的教材，同时还可作为摄影和光学图像处理专业人员的参考书。

《数字摄影与图像处理》由浙江工业大学段向阳、张华执笔编写，最后由段向阳完成定稿工作。在编写的过程中，编者参阅了大量有关摄影与图像处理方面的书籍和文献资料，得到许多同仁的帮助和支持，在此表示衷心的感谢。

编写一本理论与实践并重的《数字摄影与图像处理》教材是我们孜孜以求的目标。虽然有多年的教学经验，但是由于水平有限，编写的时间又短，书中难免存在一些问题和不足，恳请各位同仁和读者提出批评和建议，以便我们再版时予以修改和补充，我们的联系方式是：dxy310032@163.com。

编　者

2012 年 04 月

前 言

目　录 >>>

第一章 >>>

透镜与成像

摄影离不开照相机，照相机都有镜头，镜头的作用是成像，要掌握摄影知识，必须首先了解光的成像原理。透镜是组成镜头的关键性元件，它与成像有着密切的关系。透镜的出现和成像原理的运用，奠定了现代摄影的基础。另外照相机的性能与质量在很大程度上取决于镜头的性能与质量，了解透镜成像知识对我们选购照相机也是有帮助的。

第一节　透镜成像

透镜通常是用玻璃或塑料制成的，它由两个曲面构成，透镜是成像的关键性元件，它的成像质量比针孔成像质量优越。

小知识：针孔成像

针孔成像原理可以追溯到我国的古代，至今已有2000多年历史。光线通过投影中心——针孔，在屏幕上形成上下倒置、左右相反的影像。针孔的大小，决定了影像的清晰程度和影像的明暗程度，针孔愈大，影像愈明亮，但这时光斑变大，影像变模糊；反之，针孔愈小，影像变暗，光斑变小，影像愈来愈清晰。矛盾的是，要使影像明亮，针孔必须开大，而针孔开得太大，又不能结成清晰的影像；针孔也不能开得过小，如果开得过小，不仅影像亮度减弱，而且还会发生光的衍射现象，也不能结成清晰的影像。

一、透镜的种类和性能

透镜是摄影镜头最基本的光学元件之一。为了消除透镜的各种光学缺陷，在制造各类镜头时，人们根据其光学原理设计、生产了种类繁多的凹凸不同的透镜，通常我们将这些透镜分为凸透镜和凹透镜两种。

1. 凸透镜

凡是中间比边缘厚的透镜，均称为凸透镜。凸透镜能使平行的光束会聚于一点，因此又称其为会聚透镜或正透镜。它是光学成像的主要元件，任何镜头，无论由多少凹凸程度不同的透镜组成，其结果还是起着会聚透镜的作用，因为只有会聚透镜，才能结成影像，如图 1-1 所示。

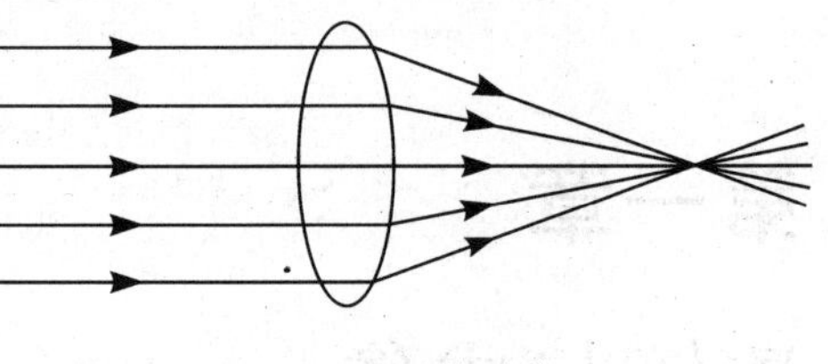

图 1-1　凸透镜成像

2. 凹透镜

凡是中间比边缘薄的透镜，均称为凹透镜。凹透镜能使平行的光束向外发散，所以又称其为发散透镜或负透镜。单独使用凹透镜是不能成像的，它只有与凸透镜组成复合式透镜组，才能起到会聚光线的作用，只有这样才能形成影像。因此，凹透镜在复合式镜头的组合中起次要作用。这种镜头常用来校正各种像差，使物体成像更为精确完美，如图 1-2 所示。

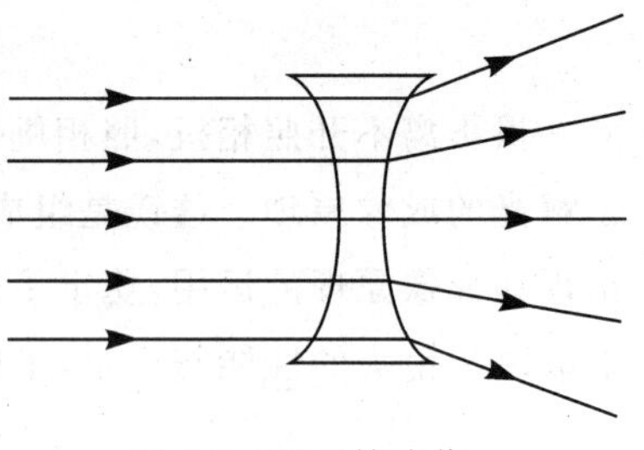

图 1-2　凹透镜成像

凸透镜分为对称式双凸透镜、非对称式双凸透镜、平凸透镜、凹凸透镜，凹透镜分为对称式双凹透镜、非对称式双凹透镜、平凹透镜、凸凹透镜，如图 1-3 所示。

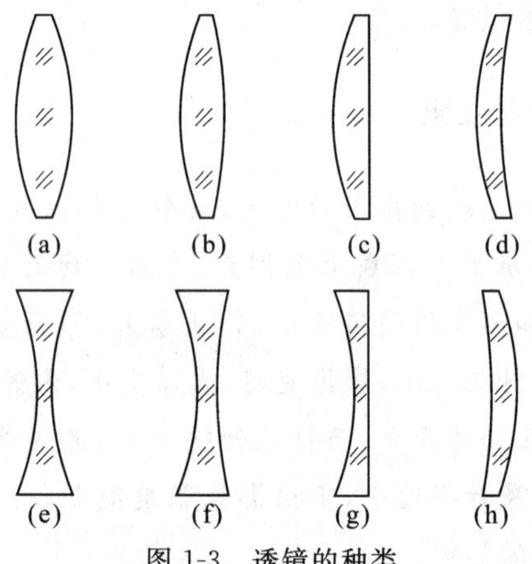

图 1-3　透镜的种类

(a)对称式双凸透镜；(b)非对称式双凸透镜；(c)平凸透镜；(d)凹凸透镜；(e)对称式双凹透镜；(f)非对称式双凹透镜；(g)平凹透镜；(h)凸凹透镜

二、透镜的主光轴

每一个透镜都有两个曲率半径和两个球心，将两个球心连接在一起的直线称为主光轴，简称主轴，如图 1-4 所示。主光轴与透镜两个曲面的相交点称为顶点，两个顶点之间的距离称为透镜的厚度 d。当厚度较小时，我们将其忽略不计，称透镜为薄透镜。当两个曲率半径相等时，两顶点之间的中点为光心，光心是主轴上的一个特殊点，凡是通过光心的光线，除了能产生不同程度的位移外，不会改变其原来的运动方向。注意：平凸透镜与平凹透镜中平面的曲率半径为无限大。

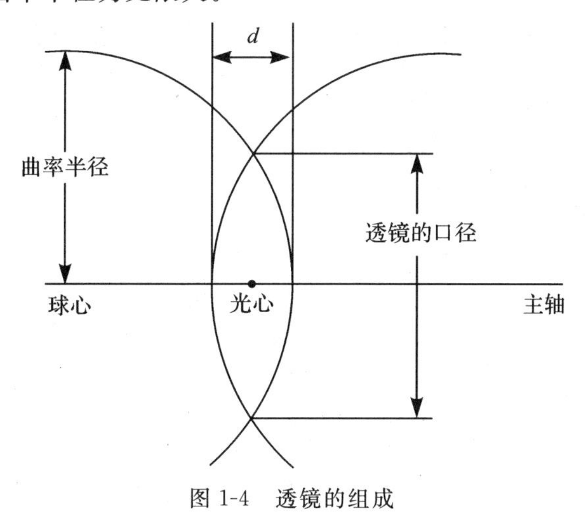

图 1-4　透镜的组成

三、透镜的焦点与焦距

当人们用凸透镜对着太阳光的时候，在透镜的后面放上一张白纸，前后移动透镜的位置，这时平行于主轴的太阳光线通过透镜后，会聚在主轴上，结成一个小而明亮的光点，有时通过透镜的太阳光线能把白纸烧着，这个光点就是该凸透镜的焦点，也称为主焦点，在摄影术语里通常用“F”来表示。从光心到这个焦点的距离，称为焦点距离，简称焦距，常用“f”表示。

透镜焦距的长短，取决于透镜弧度（凸度）的大小。透镜的弧度大，曲率半径短，光线通过透镜向主轴方向折射时，它所会聚的焦点距透镜近，因而焦距短；透镜的弧度小，曲率半径长，光线通过透镜向主轴方向折射时，它所会聚的焦点距透镜远，因而焦距长。所以，弧度小的透镜，焦距长，多用于望远镜头；弧度大的透镜，焦距短，多用于广角镜头，如图 1-5 所示。

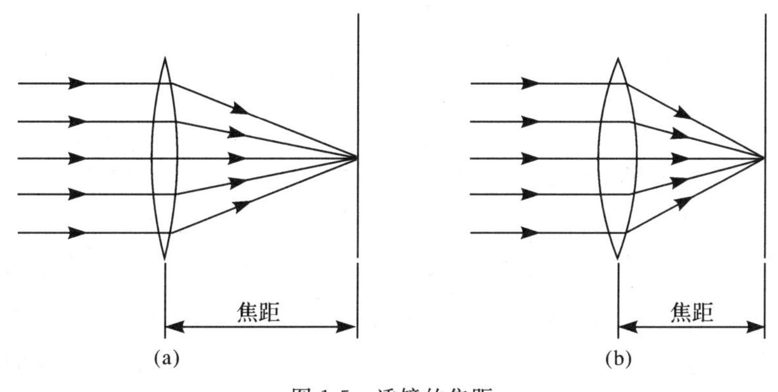

图 1-5　透镜的焦距

(a)弧度小的透镜，焦距长；(b)弧度大的透镜，焦距短

四、透镜成像规律

综上所述，透镜成像的过程及原理总是离不开物距、像距和焦距，三者之间存在着一定的比例关系，如图1-6所示。因此当我们知道其中的两个数据时，可用成像公式求得第三个数据。

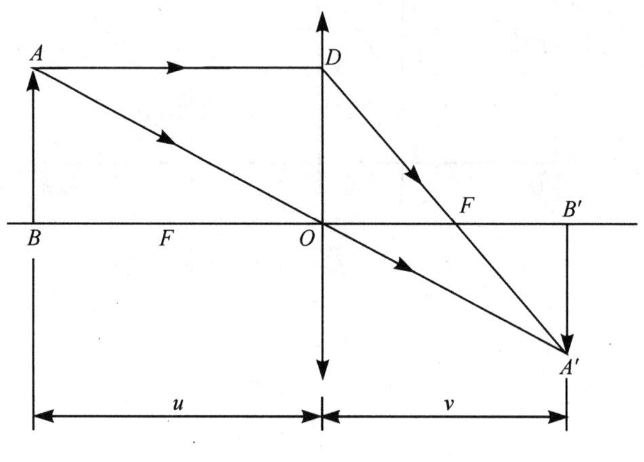

图1-6 透镜成像规律

成像公式：

$$\frac{1}{f}=\frac{1}{u}+\frac{1}{v} \tag{1-1}$$

式中：u为物距，v为像距，f为焦距。

由此公式，可推导出下列三个分式：

物距：

$$u=\frac{vf}{(v-f)} \tag{1-2}$$

像距：

$$v=\frac{uf}{(u-f)} \tag{1-3}$$

焦距：

$$f=\frac{vu}{(u+v)} \tag{1-4}$$

例如，当物距为10cm、像距为6cm时，可算出焦距＝10×6/(10＋6)＝3.75cm。当物距为10cm、焦距为5cm时，透镜成像位置＝10×5/(10－5)＝10cm。

物距不同，透镜成像的大小也各不相同，或者是缩小的像，或者是放大的像，或者是和实物大小相同的像。为了说明像的放大情况，一般把像的长度与物的长度相比较，其比值称为像的长度放大率，简称像的放大率，常用符号K来表示。其影像放大率的公式为：

$$K=(\text{像尺寸})/(\text{物尺寸}) \tag{1-5}$$

或：

$$K=\frac{v}{u} \tag{1-6}$$

摄影时，像的尺寸总是小于物的尺寸，所以摄影成像的放大率 K 是小于 1 的数值。

第二节　镜头的组合

现代的摄影镜头，通常是由多片不同材质的凸透镜和凹透镜组成。这种镜头具有良好的会聚能力和分辨能力，这种高质量的摄影镜头是经过长期不断改进才出现的。

最早出现的镜头，只是一个单片的凹凸透镜，剖面像新月的形状，所以我们称它为新月形镜头，如图 1-7 所示。这种镜头由于只有一片透镜，所以镜头的直径大小、焦距长短，均可随心所欲地制造。新月形镜头的主要缺点是像差、色差严重，拍出的照片反差极小，柔软无力。为了克服新月形镜头的缺陷，于是就出现了校正色差的镜头，称为消色差镜头，如图 1-8 所示。这是由一块凸透镜和一块凹透镜粘合而成的镜头，由于采用了两种不同折射率和色散率的透镜，使色差的缺点得到了适当的修正。但是“消色差镜头”无法消除彗差、像散、像场弯曲等像差，成像质量差，所以实用价值不大。

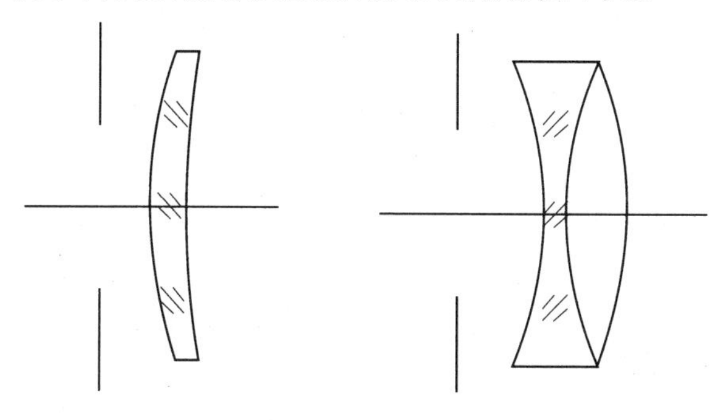

图 1-7　新月形镜头　　　图 1-8　消色差镜头

小知识：消色差镜头

光通过单一透镜时会产生色散现象，但不同的玻璃材料色散系数不同，虽然色散的本质不变，但可见光所显示的各种色带的宽窄也不同。例如，用火石玻璃所做的透镜，因其发散作用较大，所以色散的面积较宽，而用冕牌玻璃所做的透镜，发散作用较小，色散的面积相对较窄。针对两种玻璃各自的特点，我们在设计摄影镜头时，常用火石玻璃做凹透镜，冕牌玻璃做凸透镜。用这两种色散能力不同的玻璃材料制成的凹凸透镜组成的复合式镜头，能使色散互相抵消一部分，达到纠正透镜色散差的作用。这种透镜组称为消色差镜头。

人们在镜头的研制过程中发现，消色差透镜所产生的光程差可以利用相反位置的消色差透镜来消除，于是就出现了各种对称的透镜组。这种透镜组可以消除部分畸变和像场弯曲，使物体的直线条在画面边缘处也不变形，因此称为速直镜头，也叫直镜头，如图1-9所示。速直镜头结构简单，对各种光程差只能是部分加以修正，有时修正了畸变又出现了像场弯曲，修正了像场弯曲又出现了畸变，而且像散的现象也不能得到很好的校正。

新月形镜头、消色差镜头、速直镜头由于存在着比较严重的像散和色散性像场弯曲，因此统称为像散镜头。这是摄影界早期使用的镜头。

随着摄影光学技术的发展，研制出了一种结构精密、工艺复杂的摄影镜头，这种镜头对光学上存在的光程差校正得比较理想，叫做正光镜头，如图1-10所示。正光镜头最基本的结构就是采用两块双凸透镜和一块双凹透镜对称排列。现代流行的摄影镜头大多数是正光镜头，其结构由正光镜头的简单形式演变为复杂形式，并且除了对称式外，还有非对称式的正光镜头。正光镜头基本上消除了简单透镜所产生的像差和色差，是目前最为流行的摄影镜头。

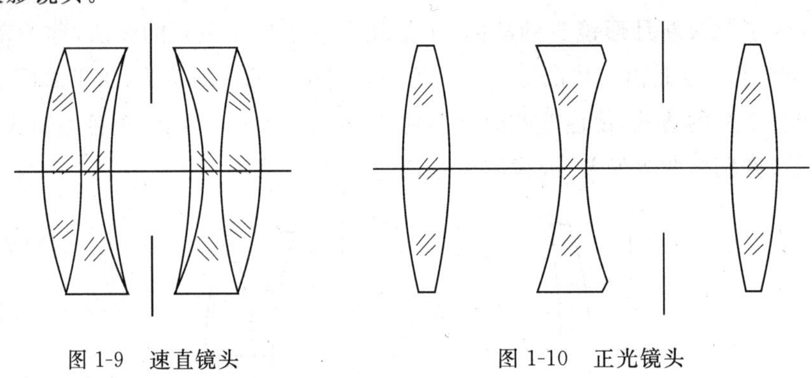

图1-9　速直镜头　　　　图1-10　正光镜头

第三节　镜头的口径

一、有效口径

当无限远处射来的平行光线，通过镜头前镜时的光束直径，就是镜头的口径，如图1-11所示。镜头口径愈大，在单位时间内进入镜头的光能量就愈多，影像的亮度就愈高；镜头口径愈小，在单位时间内进入镜头的光能量就愈少，影像的亮度就愈低。影像的亮度与口径大小成正比。由此可见，镜头的口径，实际上表示了该镜头的基本通光能力，因此称为有效口径。

有效口径在摄影中具有非常重要的意义，我们通常可以在照相机镜头前圈上看到类似于1∶2 f/58mm的标记，这就是镜头口径和镜头焦距的标记，它表示镜头口径与焦距的比值是1∶2，也称F2。以传统相机海鸥DF－7型照相机为例，其镜头口径与焦距之比是1∶2，说明镜头的口径是焦距58mm的一半，即29mm。再如，海鸥4A型双镜头反光式照相机的口径是1∶3.5 f/75mm，即镜头口径约为21.4mm，如图1-12所示。镜头口

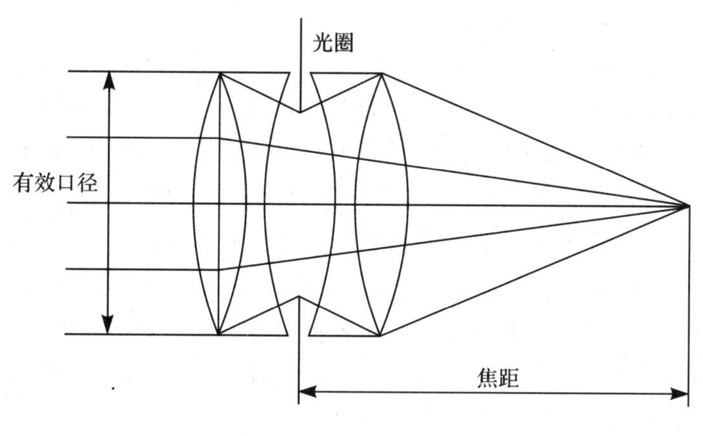

图 1-11 镜头的口径

径表示镜头的最大光束直径，称为有效口径。既然镜头的有效口径用最大光束直径与焦距之比来表示，因此，就可以得出如下结论：

镜头口径和镜头焦距的比值愈大，口径愈大，感光能力愈强；比值愈小，口径愈小，感光能力就愈弱。如 1∶2 的镜头口径感光能力要比 1∶3.5 的镜头大，这就像房间的窗户一样，窗户大的比窗户小的进光孔径大，进光量也就多，房间的亮度也就大。

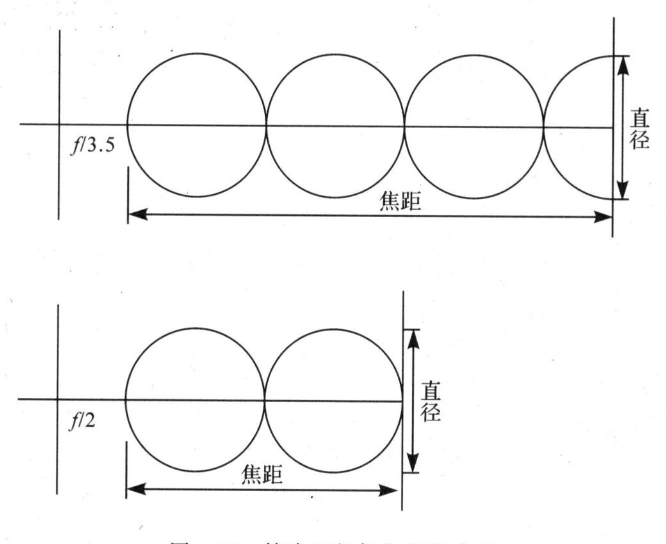

图 1-12 镜头口径与焦距的关系

当前使用大口径的镜头较为流行，数字单反照相机和传统 135 照相机使用 1∶2 口径的镜头已是非常普遍，有些特大口径的照相机已经使用 1∶1 口径的镜头，如徕卡 M 型照相机。大口径的照相机在光线微弱的情况下，其曝光的优越性是显而易见的，但是真正需要使用大口径的机会并不多。在室外拍摄一般不需要使用大口径的照相机，即便在微弱的光线下还可以使用闪光灯来照明，所以照相机的有效口径并非越大越好。

二、相对口径

相对口径是指经过光圈装置调节后镜头的通光能力。相对口径是可变的，它是缩小光圈后光束直径和焦距的比值。有效口径表示镜头最大的通光孔径，这仅适合于光线较弱的景物，如果景物亮度很高，曝光不加以控制就会使感光材料或感光器件感光过度，所以，摄影不仅需要大口径，同时也需要小口径。如果镜头只有一个有效口径而没有相对口径，那么我们就得根据景物的亮度等级去定制一套口径大小不同的镜头以适应拍摄，这样做既耗资又费力。为了使一个镜头能适应于各种明暗不同的被摄物体，我们在镜头中间装上可以控制镜头口径大小变化的机械装置——光圈。光圈由若干片弧形轻金属叶片组成，在一定范围内，能任意加大或缩小通光口径。

三、光圈的标度

光圈的标度，就是通常所说的 f 系数或光圈系数。如果 f 系数为 8，表示这级相对口径的光束直径是镜头焦距的 1/8，通常写作 $f/8$ 或光圈 8。如果这个镜头的焦距为 58mm，$f/8$ 的口径即为 7.25mm，以此类推，如图 1-13 所示。

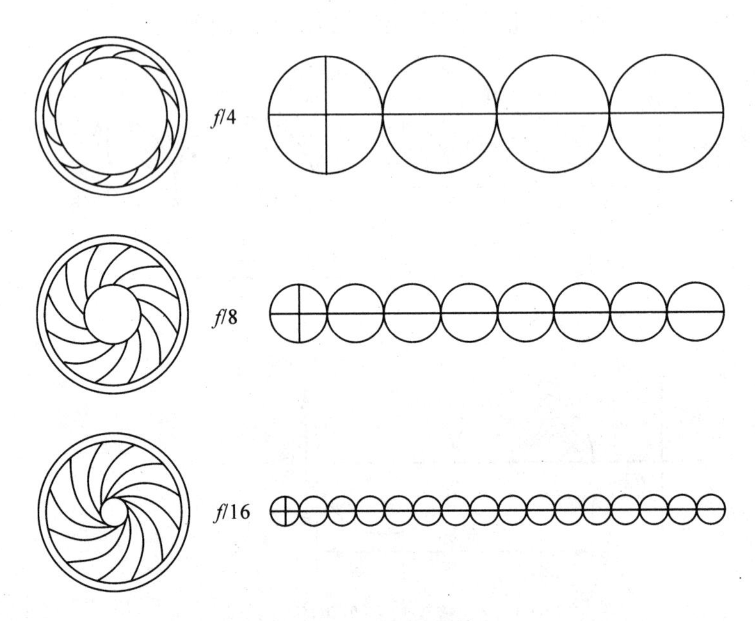

图 1-13　光圈系数

一般照相机光圈系数的标度为 2，2.8，4，5.6，8，11，16，22。其中，2 为有效口径，2 以后的数值均为相对口径。光圈系数一般标在镜头外部的光圈环上，使用时只要根据实际景物亮度的情况，转动光圈环，使所选定的 f 系数对准标定位置，即可获得适当的曝光量。

光圈系数大小是与进光量成反比的。光圈系数越大，表示进光孔径越小，进光量也越少；光圈系数越小，表示进光孔径越大，进光量也越多。如光圈 8 的进光量比光圈 16 的进光量要大 4 倍。

四、光圈的作用

光圈最主要的作用是用来调节和控制镜头的通光量，除此之外，它还有许多其他的作用。

1. 调节景深

光圈小时景深大，光圈大时景深小。景深在本章第四节中还将详细叙述。

2. 改善像差

镜头成像时，其中心成像清晰，周围或边缘部分成像质量较差，容易引起图像的形变，收缩光圈可以改善镜头的成像质量。

3. 调节分辨率

分辨率是指镜头对宽度及间距相等的平行线的分辨能力。分辨率除了与镜头本身质量有关外，还与光圈的大小有关。一个比较理想的镜头，用 $f/4$ 光圈时，底片上每毫米能分辨出 40 条线；用 $f/5.6$ 光圈时，底片上每毫米能分辨出 30 条线；而用 $f/8$ 光圈时，底片上每毫米还能分辨出 20 条线；用 $f/22$ 光圈时，底片上每毫米只能分辨出 10 条线。即光圈系数越大，分辨率越高；反之越低。

在实际使用中，我们发现：一般的照相机均有一个最佳光圈，大都在 $f/5.6$ 左右，光圈再加大时，分辨率有所下降。从提高分辨率的角度看，拍摄时最理想的光圈系数应是 $f/8$，放大照片时最理想的光圈是 $f/5.6$。

4. 调节反差

光圈还可以改变图像的反差，通常光圈小时反差大，光圈大时反差小，特别是在阴雨天拍摄时更为明显。

五、光圈的应用

光圈口径的大小对成像的质量有一定影响。对于精度较高的高级镜头来说，光圈大小对图像质量的影响并不显著，即使在用最大口径时，一般也难以分辨出照片的质量问题。但对一般的普通镜头来说，这种影响比较大，主要表现在使用较大口径时，拍出的照片边缘影像的清晰度下降，有的还会出现形象失真的现象，这是因为镜头本身质量较差，存在着像差和色差，使用大光圈时，镜头的缺点就完全显现出来了。如果遇到这种情况，可使用小光圈的方法加以修正。当然这并不意味着使用的光圈越小越好，因为当光圈的孔径收缩到极小时，进入光圈的光线会在光圈边缘产生光的衍射现象，从而影响图像的清晰程度。在强烈的阳光照射下使用 $f/22$、$f/32$ 等小光圈时，往往会出现光的衍射现象。一般来说，镜头上标出的各级光圈的成像质量都是有保证的，在同一镜头中，$f/5.6$ 和 $f/8$

两级光圈的成像质量比其他光圈 f 系数的成像质量要好一些。

小知识:透镜的像差和校正

单一透镜成像时,像和物总是存在各种各样的差别(失真),这种由透镜所造成的影像歪曲现象叫做像差。像差有六种,即球差、彗差、像散、像场弯曲、畸变、色差。前面五种像差称为单色像差,最后一种像差称为色差,它是由复色光通过透镜所产生的。前三种像差可以通过减小镜头的通光口径(光圈)加以改善,而像场弯曲和畸变只有通过改变调焦位置来加以修正,色差就只能通过消色差镜头来处理了。

第四节　镜头的景深

我们在拍摄过程中会发现这样一种现象,对某一物体进行调焦时,该物体前后相当长的一段距离范围内,景物均能在同一焦平面上结成清晰的影像,我们称这一段距离范围叫景深,在摄影中学会控制景深是非常重要的。

一、景深

景深是摄影中最重要的因素之一,它决定了读者看清楚影像的范围。我们在日常生活中看到的景物,无论远近,我们的眼睛都会自动地聚焦到这些景物上,随时都可以看到清晰的物体。对于照片上的影像来说,摄影师的工作就是要去选择决定哪些景物应该清晰地表现在画面上,哪些景物可以模糊些,哪些景物甚至可以不出现在画面上。

景深通常由两部分构成,从物点到最近清晰点之间的距离叫前景深,如图 1-14 中的(1)所示;从物点到最远清晰点之间的距离叫后景深,如图 1-14 中的(2)所示;从最近清晰点到最远清晰点之间的距离称为全景深,简称景深,它是物体在照片上的清晰范围,如图 1-14 所示。

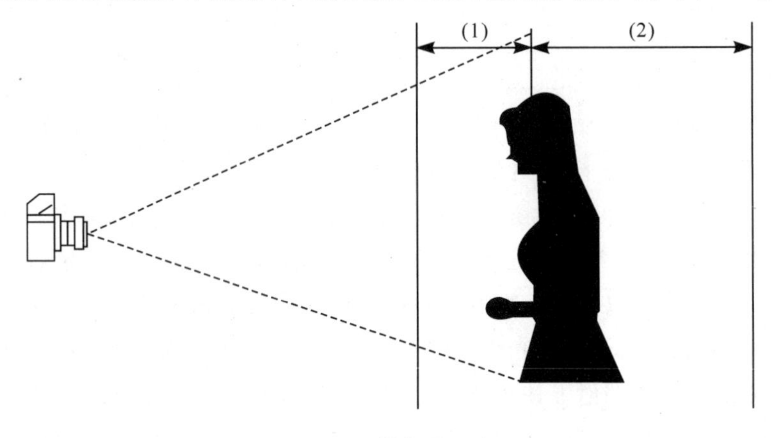

图 1-14　景深的组成

影响景深的因素很多，如镜头光圈的大小、镜头焦距的长短、被摄物体的远近和对影像质量要求的高低等，下面分别进行讨论。

1. 镜头光圈对景深的影响

当镜头的焦距不变，被摄物体的距离不变时，光圈口径越大，所形成的弥散圈就越大，景深就越小；光圈口径越小，所形成的弥散圈就越小，景深就越大。如用一个 50mm 焦距的标准镜头，对 3m 远的物体，分别用 $f/4$ 和 $f/8$ 拍摄，得到的景深长度是不一样的，如图 1-15 所示。图中划直线部分为景深范围，以下同。从这个结果可以看出光圈 8 的景深比光圈 4 的景深大 2 倍多。

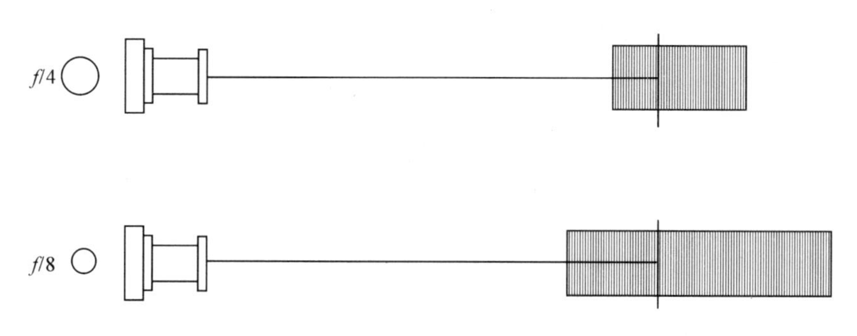

图 1-15 镜头光圈对景深的影响

2. 镜头焦距对景深的影响

对同一距离的物体使用同样大小的光圈，不同焦距的镜头所拍摄到的照片，其景深有所不同，镜头焦距越长，景深就越短；镜头焦距越短，景深就越长。如用 $f/4$ 的标准镜头对3m远的物体调焦，一个镜头的焦距为 100mm，另一个为 50mm，所得到的景深长度是不一样的，如图 1-16 所示。从图中结果可以看出，使用 50mm 焦距的镜头比用 100mm 焦距的镜头的景深大 2 倍。

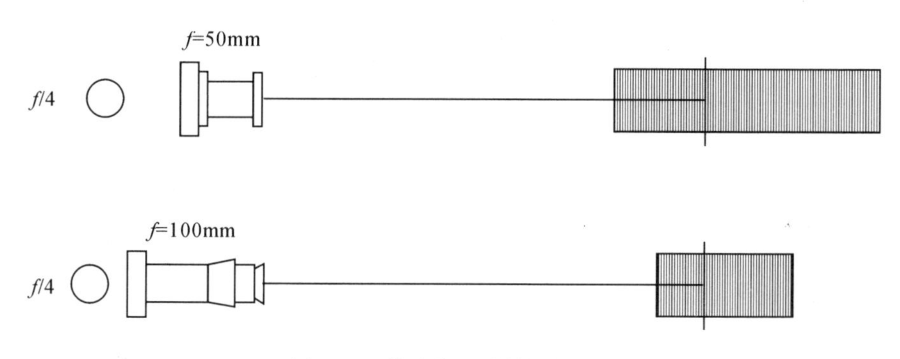

图 1-16 镜头焦距对景深的影响

3. 被摄物体的远近对景深的影响

当我们使用同一焦距、同样大小的光圈，对不同距离的物体调焦时，所拍摄到的照片，其景深是不同的。当用一个50mm焦距的镜头，使用同样的光圈($f/8$)，分别对1m远和3m远的景物进行拍摄时，可以看到对近距离物体调焦时，景深较小；对远距离物体调焦时，景深较大。由此可以得出，景深的大小与物距的远近成正比，如图1-17所示。

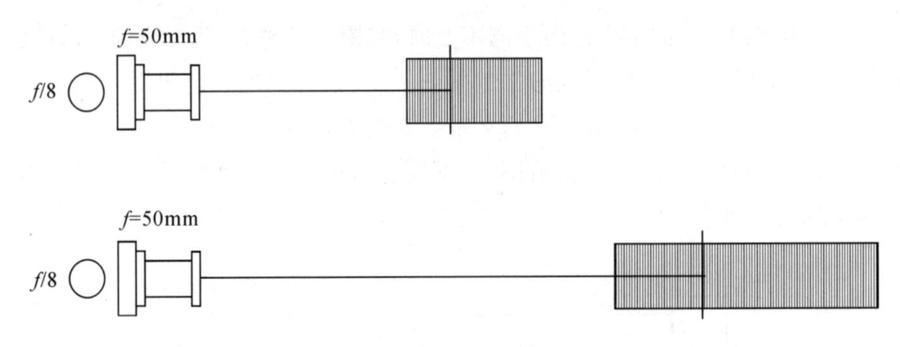

图1-17 被摄物体的远近对景深的影响

必须指出，用增大物距来加大景深的做法是有限度的，当物距加大到恰好等于所用光圈系数的超焦距时，景深已达到最大限度，若继续再增加物距，则反而会使景深变小。

二、超焦距

景深是指在有限距离内景物的清晰范围，超焦距是景深的一个特例，它通常与无限远联系在一起。当我们对距离照相机较远的物体调焦时，常常将景深的最远清晰点向后推到无限远，在照相机镜头到最近清晰点之间的范围内，景物不能在感光装置上成像，这段距离称为超焦点距离，简称超焦距。超焦距是指镜头对准无限远处的景物调焦时，镜头不能再向外伸展，此时像距正好等于焦距，无限远处的景物在焦平面的位置上结成清晰的影像。但是，与镜头相隔一定距离到无限远之间的景物，如果在焦点平面上所成的像不超过可容许分散圈的直径，也可以在焦平面上结成清晰的影像。假定和镜头相隔的一定距离是10m，这段距离内的景物，在焦平面上是不能结成清晰的影像的，所以这段10m的距离就称为超焦距，如图1-18所示。

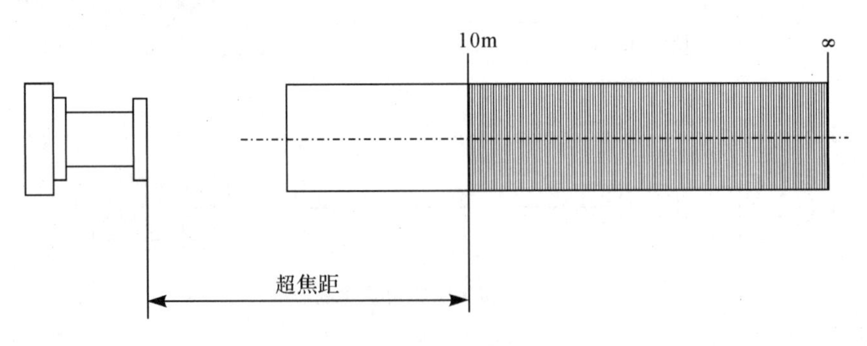

图1-18 超焦距

超焦距并不是一个固定不变的值，它随着所用光圈的大小和镜头焦距的长短，以及拍摄距离的远近而变化。

1. 光圈对超焦距的影响

光圈越大，超焦距就越长；光圈越小，超焦距就越短。超焦距的大小与光圈的大小成正比。表 1-1 是日本佳能 FD 系列照相机，焦距为 50mm 标准镜头的超焦距随光圈大小变化的情况。

表 1-1　超焦距随光圈大小变化的情况

f 系数	4	5.6	8	11	16	22
超焦距(m)	20	14	10	7	5	3.5

从以上的变化中可以发现这样一个规律：超焦距的大小与光圈系数成正比，光圈每开大一级，超焦距增大 1.414 倍。

2. 镜头焦距的长短对超焦距的影响

实测证明，镜头焦距越长，超焦距越大；镜头焦距越短，超焦距越小。在弥散圈大小不变的情况下，超焦距的大小与镜头焦距的长短成正比。仍以日本佳能 FD 系列的镜头为例，同是 $f/16$，焦距为 50mm 的超焦距是 5m，而焦距为 24mm 的超焦距是 1.4m。不同厂家因为设计标准不同，对可容许分散圈直径的标准也不相同，即使是同一类型的镜头，光圈系数和焦距完全相同，其超焦距也常常有所不同。

由景深的定义可知：景深是由前景深加后景深构成的，当调焦距离为无限远时，从超焦距到无限远的范围内都是前景深，后景深全部落在无限远的范围内，没有发挥任何作用，不能实现其使用价值。如果将调焦点从无限远处移到超焦距上，景深可以向镜头方向推进，景深前界正好是超焦距的一半，景深后界仍是无限远，从而使景深增长了 1/2 超焦距，如表 1-2 所示。

表 1-2　实际调焦距离与景深大小的关系

超焦距	实际调焦距离	实际景深大小
10m	∞	10m 到∞
	10m	5m 到∞

超焦距的运用是一种扩大景深的调焦技术，通常用于在拍摄中需要获得最大景深的情况，如海洋风光、沙漠风光等。在运用这一技术拍摄静止景物时，首先要注意只有当需要的景深范围包括无限远时，才能运用超焦距。如果所需要的景深范围不包括无限远，就不能运用超焦距，这时要想获得大景深，可运用小光圈、短焦距镜头和远距离调焦来实现。

运用超焦距时，还要注意拍摄对象中是否有较近的景物需要包括在景深范围内。如果有较近的景物需要包括在景深范围内，运用超焦距才会有效，否则会弄巧成拙。例如，拍摄一幅需要大景深的风景照片，而风景中离镜头最近的景物也在“无穷远聚焦”时的最近清晰点之外，这时如果聚焦在超焦距就不得要领了，其效果反而不如聚焦在无穷远处。这是因为一来聚焦在超焦距所扩大的近景深中并无实际景物；二来根据景深原理，远处景物虽在景深范围内，但它的成像清晰度是低于焦点上影像清晰度的。

三、景深的应用

对景深的控制是拍摄中必须掌握的主要技术之一。对景深的控制，可以采用缩小景深的方法，突出重要物体，让不需要的物体虚糊而被隐去；也可以采用扩大景深的方法，使所有被摄物体都清晰地展现在画面上，充分地表现出它们的每一处细节。在摄影实践中，景深主要有如下几个方面的实用价值。

1. 用大景深表现景物的深度

被摄物体一般都具有三维空间，在摄影造型上要把景物的这种立体形态，即景物的纵深长度表现出来，必须应用景深，特别是在拍摄秀丽的河山、辽阔的草原、宏伟的建筑和众多的人物时，要将较大空间范围内的景物都比较清晰地展现在照片上，应采用大景深拍摄。在不影响构图效果的前提下，采用小光圈、短焦距镜头和远距离调焦，可获得大景深，要把景物的景深后界一直延伸到无限远处，可以应用超焦距原理来拍摄。

2. 用小景深突出主体

在拍摄某些景物时，如果只要让主体部分得到突出表现，可以尽量缩小景深，仅保证主体清晰，使主体的前后景物模糊不清；有时为了刻画人物的精神面貌和描绘其心理活动，也宜用小景深去拍摄人物的特写镜头。从画面造型效果上来看，主体清晰突出，背景模糊隐没，利用虚实对比能给人以空间深度感，还可以削弱杂乱无章的背景对画面的不良影响。

要使景深缩小，必须开大光圈，缩小物距，换用长焦距镜头，若能将这三者都调动起来，则缩小景深的效果就非常明显。景深虽小，但毕竟还是有一定深度的，为了确保背景模糊，可以把所要突出的主体有意安排在景深后界上，这样能使主体成为最远清晰点，原来的后景深就不可能再发挥作用了。

在使用小景深突出主体时，调焦必须准确，稍有失误，就极易导致主体影像不清晰的严重后果。

3. 用景深代替调焦

拍摄运动的物体，调焦不是一件容易的事，有时甚至是不可能的，通常的做法是用景深来控制物体的清晰范围，只要运动物体在景深所控制的范围内即可揿动快门按钮，这样不至于产生影像模糊的现象。这种做法的优点是摄影者不必为调焦而分心，可以集中精力来观察运动物体的变化，以逸待劳，去抓取生动自然的瞬间形象和动作。有人把这种方法叫做区域调焦法。尽管它对抓拍的运动物体非常有实用价值，但不宜用来应付一切被摄对象，防止滥用。区域调焦法是利用分散圈的奥秘，与真正的调焦相比，它们在影像的清晰度上还是存在差别的，特别是经过高倍率放大的照片，这种差别尤为明显。因此凡是在能够使用正常的调焦方法拍摄的场合，要重视调焦，不应该放弃调焦的机会。

在摄影实践中，如果能够熟练地运用景深这一摄影手段，就可以使所拍摄的画面达到预期的艺术效果。景深可以很深，也可以很浅，采用多深的景深，要看你想在照片中表达的是什么。如想拍摄伸向远方的铁轨，要全面介绍被摄主体的环境，表现被摄景物的深度和广度，可采用大景深的拍摄方法；如想拍摄肖像和特写，利用虚实关系突出主体，减弱主体周围的杂乱环境，可采用小景深的拍摄方法；如想拍摄运动中的物体，且使摄影者不必因调焦而分心，集中精力抓拍那瞬间即逝的生动场面，可采用固定景深的拍摄方法。

第五节 镜头的种类与用途

镜头的型号和种类很多，根据不同作用和用途分为标准镜头、广角镜头、望远镜头、变焦镜头、近摄镜头等。除了变焦镜头外，其他镜头均是定焦距镜头。定焦距镜头有许多优点，如通光口径较大，比较适合在弱光环境下使用。

一、标准镜头

标准镜头又称定焦镜头，它是一种焦距固定的镜头。标准镜头的视角与人眼视角相近，透视比例与人眼相同，因此在人物摄影、风景摄影、广告摄影中都可以使用。用标准镜头拍出的照片，其大小比例和透视关系与人眼看到的实际情况基本相同，所以在实际应用中标准镜头的使用比较普遍。

在专业单反相机上使用定焦镜头时，拍摄者只能通过自身移动拍摄位置来改变拍摄距离，从而达到控制画面中被摄对象的大小。定焦镜头由于对焦速度快，成像比变焦镜头稳定，测光也相对准确，画面也要清晰细腻些。图 1-19 所示为尼康 50mm 的定焦标准镜头。

标准镜头通光量大，在低照度的情况下也能进行拍摄。同时，标准镜头体积小、重量轻，更便于携带。标准镜头像差修正好，成像质量高，图 1-20 所示是使用标准镜头拍摄的落叶，画面细腻，给人以舒适的视觉享受，同时纳入地面和树枝元素，使画面丰富，也更能呈现出落叶的自然真实。

二、广角镜头

广角镜头的焦距比标准镜头的焦距短，所以视角大、视野宽、景深大、现场表现极佳，适用于拍摄距离小而场面大的新闻事件或较为宽广的自然风景，这是标准镜头不能胜任的。

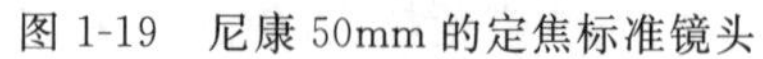
图 1-19 尼康 50mm 的定焦标准镜头

图 1-20 使用标准镜头拍摄的落叶

广角镜头又分为普通广角镜头与超广角镜头。普通广角镜头的焦距有 28mm、24mm、20mm 和 15mm 等，超广角镜头的焦距一般为 15～20mm。超广角镜头比普通广角镜头的视野范围更广，图 1-21 所示为尼康 14mm 超广角镜头。

图 1-21 尼康 14mm 超广角镜头

广角镜头在新闻摄影及风景摄影中应用较为广泛，其优势在于广角镜头的视角大，可以包容很多环境因素；它提供了相当大的景深范围，尤其适合在狭小的室内或者是环境拥挤的场合使用，但使用时要注意避免画面内融进过多的环境因素而造成主题削弱。要经常有意识地关注画面的兴趣中心，问问自己想要表达的主题内容是什么，要尽可能地用构图的手段将观众的视线引导到要表达的中心主题上来。

广角镜头比其他镜头更能强调画面的纵深感。用广角镜头拍出来的照片，可产生强烈的透视效果，常常会夸张画面内物体之间的距离，将近大远小的透视关系夸大，使得近处的物体过分显大，稍远一点的物体显得渺小。环境的变形也比较严重，距被摄物体越近，这种变形的程度就越大，人物看上去也要比真实的情况略有松散。

图 1-22 是使用超广角镜头拍摄的一张风景照片，可以看到画面中的地平线呈弧线形，这是因为广角镜头会使画面呈现变形的效果，这种变形同时也纳入了更多的画面元

素，使视野更加宽广。

图 1-22　使用超广角镜头拍摄的风景

三、望远镜头

望远镜头也称为远摄镜头或长焦距镜头，这类镜头的焦距比标准镜头的焦距长，所以视角小、视野范围窄、景深浅、透视效果较差，拍摄时将远处的景物拉近，照片能清晰地呈现被摄对象的细部特征。望远镜头分为普通长焦镜头和超长焦镜头两种，普通长焦镜头的焦距长度接近标准镜头，焦距范围通常为 85～300mm；超长焦镜头的焦距远大于标准镜头，通常在 300mm 以上。

望远镜头适合拍摄人不能接近的物体，如远处的小鸟，老虎、狮子等猛兽，战争或运动场面等。望远镜头常常在新闻摄影和艺术摄影中使用，用它拍摄的人物画面效果比较真实。望远镜头在一些特殊的条件下也具有其他镜头不能替代的优势，如在一些游行和集会的场合，当你只能在固定的地点进行拍摄时，望远镜头的优势就能充分地发挥出来。如图 1-23 所示为尼康 200mm 长焦距镜头。

图 1-23　尼康 200mm 长焦距镜头

望远镜头在一定程度上会减弱被摄物体之间的距离感，照片上前后景物的大小变化不大，拍出的远处景物常常会比实际的物体看起来稍大，即透视感较弱。望远镜头由于焦距长，景深范围比较小，所以在调焦时要非常仔细，只有调焦准确了，才能拍出清晰的照片。

图 1-24 是使用望远镜头拍摄落在远处栏杆上的小鸟，为了避免靠得过近而使小鸟受惊飞走，使用长焦镜头拉近距离进行拍摄，同时使用大光圈更好地虚化杂乱的背景，使主体小鸟更突出。

图 1-24　使用望远镜头拍摄的小鸟

四、变焦镜头

顾名思义，变焦镜头就是焦距可以变化的镜头，这是一种结构比较复杂的镜头，其变焦的功能是依靠转动变焦环来带动镜头中间的活动镜片组，使其前后移动来实现的。转动变焦环，活动镜片组即向前或向后移动，活动镜片离底片愈远，焦距愈短；离底片愈近，焦距愈长，如图 1-25 所示。

图 1-25　变焦镜头

变焦镜头的最大优点首先是在不必移动照相机位置的情况下，通过改变焦距的方法，对近的或远的物体进行恰当选择，安排合适的构图画面，使底片面积得到充分的利用，这对数字照相机尤为重要。其次，使用变焦镜头还可以在较远的位置上拍摄较小的物体，避免变形并得到较好的透视效果。再次，当现场需要不断改变焦距来满足拍摄要求时，不必来回调换镜头，这有利于及时掌握拍摄时机。最后，可以利用曝光瞬间的焦距变化来创造特殊效果。

目前，数字照相机多数均采用变焦镜头，变焦镜头有多种变焦区段，如 28～70mm、

28～135mm、28～200mm、35～350mm 等，拍摄时可根据需要改变焦距，减少换镜头的麻烦。

第六节　镜头的分辨率

镜头的分辨率也称为解像力，它是评价摄影镜头成像质量的一个重要指标，也是镜头对物像细微影纹的表现能力。判断一个镜头分辨率的好坏，主要是看它在每毫米底片或感光器件上能分辨出多少对黑白线条，每根线条是否纤维毕露、清晰异常。检验镜头的分辨率，通常是采用拍摄白纸上的黑白线条，拍摄时，拍摄距离控制在 2m 左右，光圈开足，进行准确曝光。按照国家标准规定，合格的标准镜头应在每毫米底片上能分辨出 36 对线条，如果不能达到上述标准，或线条含混不清、模糊一片的便不是合格镜头。如果检测时收小光圈，那么镜头分辨线条数目还将更高。

镜头分辨率的标准是根据允许分散圈的原理计算出来的，允许分散圈直径的标准是镜头焦距的长度除以 1000。因此对于不同焦距的镜头，它们的分辨能力是不同的。

当然，在检验镜头的分辨率时，还应考虑底片或感光器件的因素影响，因为底片或感光器件本身也有其特定的分辨率，它对镜头有一定制约力。所以检验镜头分辨率时，必须挑选高质量的底片或感光器件，否则即使镜头有极高的分辨率，但底片或感光器件的质量差也会使检验结果不准确。一般来讲全色胶片的分辨率能够满足检验镜头分辨率的要求。

第七节　镜头的附件

照相机镜头的附件是供安装在镜头前端或后端与镜头共同成像的光学元件，一般可分为滤色镜、特种效果镜两种。

一、滤色镜

滤色镜通过各种色光的能力不相同，通常只允许让与其颜色相同的一部分波长的光线通过，从而起到校正镜头色彩的作用。

1. UV 镜

UV 镜又称紫外线滤色镜，是一块装在照相机镜头前的透明无色的玻璃片，专门用来吸收紫外线以提高照片的清晰度，如图 1-26 所示。虽然人眼看不到紫外线，但它可以使黑白胶片或感光器件感光。在盛夏时分紫外线较强烈的时候，加 UV 镜拍摄出来的照片清晰度增加。UV 镜不但可以避免紫外线的干扰，还能对镜片起到保护作用。在拍摄开阔的远景、高山、海滨或航空摄影时，由于大气中有许多紫外线，景物往往变得过亮而朦胧不清，拍彩照，远景还会蒙上一层蓝紫色。如果拍摄时加用 UV 镜，就能滤掉光线中的紫外线，避免它们在感光器件上感光，从而使照片中远景更清晰，色彩更真实。

2. 偏振镜

偏振镜也叫偏光镜，可以阻挡偏振光造成的无序杂乱光，从而消除或减弱物体(如金属、玻璃)表面的亮斑或反光，清楚地表现出被摄物的细节，提高影像的清晰度，如图 1-27所示。加装偏振镜后要进行曝光补偿。

图 1-26 UV 镜

图 1-27 偏振镜

运用偏振镜减弱或消除偏振光，可以改善物体的色彩饱和度，使画面色彩更加鲜艳。若用来拍摄天空景物，偏振镜能排除天空中漫反射的部分杂光，使蓝天色彩饱和而鲜艳。使用偏振镜拍摄天空，在操作上是有一定规矩的：一是以南、北方向的天空为拍摄对象。东、西方向太阳光强烈，没有多少偏振光可阻截，因而无法突出蓝天的色彩。二是加装偏振镜后，必须通过取景框旋转镜片观察实效，直到旋转镜片到最佳效果时，方可拍摄。

图 1-28 所示的两张照片分别是不加偏振镜和加偏振镜所拍摄的风景照片，对比两张

(a)

(b)

图 1-28 偏振镜的作用

(a)不加偏振镜所摄的风景；(b)加偏振镜所摄的风景

照片可以看出：右侧照片使用偏振镜，消除了不和谐的偏振光，使画面更加清晰、明亮，而左侧的照片因没有加偏振镜，则显得较为灰暗。

3. 黄色滤光镜

人眼对黄绿色光最为敏感，对红光和蓝紫光不太敏感，而全色黑白胶片却对蓝紫光最为敏感，因此使用黑白胶片拍摄有蓝色的天空时，为了使天空的质感与人眼视觉效果一致，天空不再显得过分明亮，需要在镜头上加装黄色滤光镜。黄色滤光镜分为浅黄、中黄、深黄等序列，序列号越大，滤光镜本身颜色越深，校正影调的效果也越明显。黄色滤光镜可使白云更加突出，从而有效地调节了天空的影调。

4. 橙色滤光镜

橙色滤光镜是介于黄色和红色滤光镜之间的一种滤光镜，加装橙色滤光镜后可压暗天空的亮度，调节天空的影调。在拍摄日出、日落的云彩等风景照时，可以增加照片的明暗反差，加强艺术效果；在拍摄人物照时，加装橙色滤光镜后可消除被摄者的脸部雀斑，使人看上去比较年轻。

5. 红色滤光镜

红色滤光镜是一种效果最为强烈的滤光镜，它可以调节景物的色调，使蔚蓝色的天空和海水变成黑色，可在阳光下拍摄出模拟夜景的画面。使用红色滤光镜翻拍蓝线、蓝字的图表或有红色污染的文字、图表时，可提高反差取得令人满意的效果。滤色镜吸收和通过不同色光的情况参见表 1-3。

表 1-3　滤色镜吸收和通过不同色光的情况

滤色镜的颜色	可以通过的色光	吸收的色光
UV 镜	全部可见光	紫外线
黄色滤光镜	黄、橙、红、绿	青、蓝、紫
橙色滤光镜	橙、红、黄	绿、青、蓝、紫
红色滤光镜	红、橙、黄	绿、青、蓝、紫

二、特种效果镜

特种效果镜的种类很多，它在摄影中能产生特殊的艺术效果，能使所拍摄的照片新颖别致，有着非常动人的表现。常常使用的特种效果镜有以下几种。

1. 多棱镜

多棱镜是一块由两个以上棱面构成的光学镜片，按棱面数量不同，可分为二棱镜、三棱镜、四棱镜等。使用多棱镜后，可在同一幅画面中一次性地拍出多个画面相同的影像，以增强艺术效果，其外形如图 1-29 所示。使用多棱镜时，被摄景物不可太复杂，否则会使画面杂乱无章,宜选用较为简单的景物,背景尤其要单一。

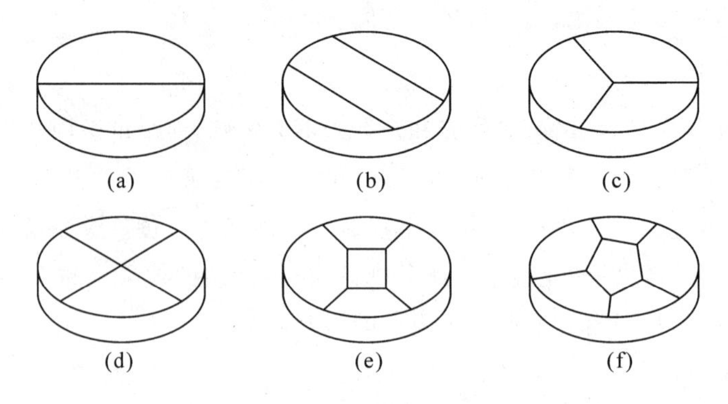

图 1-29　各种多棱镜

2. 星光镜

星光镜又称光芒镜,它是在无色透明的玻璃上刻有格子状的线条,一般分为米字型与井字型两种,其外形如图 1-30 所示。星光镜可使画面产生光芒四射的特殊效果,在夜景的拍摄中,使用星光镜的效果尤为显著,它可使夜晚的天空大放异彩,星光闪烁,生气勃勃。星光镜在使用中,其效果受焦距、光圈的影响较大,通常使用长焦距镜头的效果比使用短焦距镜头的效果要好,光圈使用 $f/8$ 效果最佳。

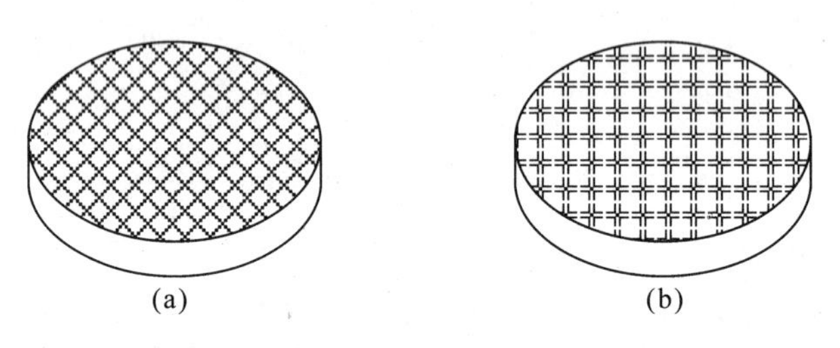

图 1-30　星光镜

(a)米字型星光镜;(b)井字型星光镜

3. 柔光镜

柔光镜是一种表面腐蚀有不同疏密和深浅圆环的透明滤光片,有的在两玻璃之间粘上细网丝或薄纱。柔光镜的作用是将景物入射光线中的一部分通过网纹散射,降低画面的反差,它可以使影像柔和,富有美感。柔光镜常用在人像摄影中,特别是在拍摄人物特写时,使用柔光镜可使人物的脸部皱纹、雀斑、毛孔、粉刺、疤痕等缺陷得到有效的修饰,使人显得年轻。柔光镜有时也用于表现晨雾等风光摄影。

第八节　镜头的检验和保护

镜头是照相机最重要的部件。照相机的镜头,就好比人的眼睛,我们应该从多方面对镜头进行检验。保护镜头不使其受到伤害，对保证照片质量至关重要。

一、镜头的检验

在照相机使用前，可以从以下几个方面检验镜头，以便掌握它的性能并鉴别它的优缺点。

1. 目视检验镜头质量

将镜头光圈开至最大，对准光线或光屏检查镜头，观看镜头表面是否有灰尘、霉点、擦伤、划痕，或镜间有无脱落的黑漆等。如有灰尘，则要用清洁无尘的镜头纸轻揩，或用吹气球吹净灰尘。如镜面有霉点一定要用脱脂酒精棉球擦洗干净。镜头如有擦伤划痕、镜筒黑漆脱落等问题会使镜头的质量下降，对镜头的成像有直接的影响，不宜再使用。但镜头的边缘部位有个别细小气泡，对成像一般无太大的妨碍，还是可以使用的。

2. 实拍检验镜头像差

用一张整洁的报纸作为对象，以照相机为工具，调焦后拍摄，观察照片是否清晰。圆形或横竖直线都应保持清晰不变形，这才说明像差较小或没有像差，否则说明被检验的镜头有像差。

二、镜头的保护

镜头通常是用玻璃或塑料制成的，质地较为软嫩，极易受伤，所以维护镜头是一项仔细而又复杂的工作。

1. 保持镜头清洁

俗话说保持镜头清洁比经常清洁镜头好。外出拍摄时，不要轻易脱去照相机的皮套，不要过早地打开照相机的镜头盖，因为皮套、镜头盖均能有效地阻挡灰尘直接侵蚀镜头。让照相机长时间赤裸裸地暴露在风尘中，就会沾满灰土，因此拍摄间隙，随时把镜头盖盖上，减少不必要的灰尘污染。有条件的话，镜头前面应配上一块无色的 UV 镜，这种镜片不但不影响曝光，还可阻挡灰尘直接侵蚀镜头。不管晴天、雨天，拍摄时带上遮光罩，既可防尘又可防雨。

2. 清洁镜头注意事项

照相机在使用过程中，谁也不能保证镜头始终一尘不染，清洁镜头是在所难免的。摄影初学者必须掌握一些清洁镜头的基本知识，否则会因为清洁镜头不当而使镜头过早损坏。清洁镜头时，不要使用手指、手帕、衣服等物去擦拭镜头，因为手指上有油和汗，一擦就会在镜头上留下油渍和汗渍，这种东西有极强的附着力和腐蚀力，沾上后很难轻易消除；手帕、衣服等物纤维粗糙坚硬，极易划伤镜头。正确的做法是用吹气球轻轻吹拂镜面，把镜面上的灰尘除去。如果有的灰尘颗粒较大，吹不掉，可用驼毛刷轻轻拂去灰尘，或把几张擦镜纸卷成一根很紧的纸棒，并将它撕成两段，然后用断头轻轻拂去灰尘。千万不要随意用脱脂棉花或捏成一团的擦镜纸去擦，因为灰尘的颗粒相对镜头来讲，好比坚硬的金刚石，一不小心就会划伤镜面，使它损坏。

复 习 题

1. 针孔成像的清晰度是由什么来决定的？为什么针孔不能成高质量的像？
2. 透镜焦距与成像效果有何关系？并以拍照为例加以说明。
3. 镜头常见像差有哪几种？如何加以修正？
4. 镜头口径的含义是什么？大口径镜头的优点是什么？
5. 光圈有何作用？在摄影中应如何使用光圈？
6. 何为景深？在摄影中应如何使用景深和超焦距？
7. 摄影镜头有哪些种类？在摄影中应如何正确使用镜头？
8. 如何检查摄影镜头的好坏？摄影镜头应如何保护？

第二章 >>>

数字照相机

照相机是摄影的基本工具，它是一种用感光材料或感光转换装置，通过光线把景物记录下来的摄影器材。当今世界上的照相机种类繁多，五花八门，分别用于满足不同的需求。随着科学技术的不断发展和电子技术的深入应用，照相机不断改进与更新，自动化程度越来越高。目前，数字照相机是自动化程度最高的照相机。

数字照相机是“静态式数字照相机”(digital still camera)的简称，也称为数字照相机。它是将光学、精密机械、电子、计算机技术结合于一体的高科技产品，它的内部采用数字控制芯片，用数字技术储存光学影像数据，能直接用计算机来处理所拍摄的照片。

数字照相机发展至今已经有30多年的历史，最早的数字照相机是在1981年由日本SONY公司推出的Mavica照相机，由于当时影像压缩及半导体储存技术均未成熟，为了能够直接通过彩色电视机显像，影像是以模拟的NTSC格式储存于2英寸(2in)的软盘中，照相机的体积非常大。随着CCD影像传感器件的成熟，数字信号处理器的完善，液晶显示器的产生，数字照相机的画质有了大幅度地提升，数字照相机的体积也大大地缩小了。

第一节　数字照相机的工作原理

数字照相机是一种真正意义上的非胶片型照相机，它的工作原理与传统胶片式照相机完全不同，传统照相机处理的是光学模拟信号，数字照相机处理的则是电子数字信号。数字照相机的内部结构与传统照相机有本质的区别，主要区别：一是在感光记录材料上，传统照相机使用的是感光胶片，数字照相机是使用CCD光电耦合器件，它能将光信号转换为电信号，经过处理、压缩后存入磁性材料中。二是取景器的不同，传统的照相机使用的是普通光学取景器，数字照相机使用的是LCD液晶取景器。

CCD光电耦合器件是由许多极小的光电二极管构成的固态电子元件，它们以不同的方式整齐地排列在一起，构成一组数目非常大的光电耦合矩阵。当进入照相机镜头的光线照射在它上面时，它就将影像的光学模拟信号转化为影像的电子模拟信号，再由照相机中的模/数转换器件将电子模拟信号转变为数字信号，通过数字信号处理器件加工处理后，再用数字照相机中固化的程序,按照指定的文件格式,将图像信号以二进制数字的形式存入存储介质中。

数字照相机采用 LCD 液晶显示器显示图像,可以在按动相机快门之前就见到将要拍摄的照片,使你能够在拍照之前就对摄影构图进行较为充分的酝酿。用数字照相机拍照可以立即看到被摄画面的质量,一旦发现画面不理想,可以马上删除重拍。而传统的照相机,只有等一个胶卷全部拍完,经冲洗后才能看到画面的质量,如果发现照片不理想,也只有报废了事。数字照相机在拍完一张或数张照片后,可以通过接口把这些照片输送到计算机中存入文件夹内,或直接将软盘插入计算机,在适当的软件支持下,在屏幕上显示照片,并可根据需要对其进行放大、修饰处理,还可以用彩色喷墨打印机或激光打印机将照片放大打印出来。数字照相机的输出信号也可以直接传送给数字录像机存入录像带中或传送给光盘刻录机刻制成光盘,图片信号还可以作为电子邮件通过网络向外传递。

由此可以看出,数字照相机和传统照相机在光学原理上是相似的,都是将被摄物体发射或反射的光线通过镜头在焦平面上形成影像。但在感光记录材料上有明显的区别,传统照相机使用的是分布在感光胶片上的溴化银化学介质来记录图像,数字照相机则是采用 CCD 作为图像转换装置,通过光照的不同引起的电荷分布的不同来记录被摄物体的视觉特征。所以数字照相机不需要使用胶卷,与传统照相机相比具有节约成本、拍摄方便、减少误拍等多项优势。

第二节　数字照相机的分类

数字照相机的种类繁多,令人眼花缭乱。无论是初学者还是专业摄影师,对于数字照相机的类型及分类特点,都应该有所了解。这样才能在各种各样的照相机中.根据自己的需要挑选出适合自己的照相机。

随着数字科学技术的快速发展,数字照相机的结构更加轻巧,类型更加多样化,功能也更加强大。目前社会上一般将数字照相机划分为轻便傻瓜机、专业单反机、高档消费机三大类型。

一、轻便傻瓜机

轻便傻瓜机是一种品种样式最多、体积最小的小巧型数字照相机。这种照相机小到像卡片一样可以放在口袋里,所以人们又称它为卡片机。如图 2-1 所示的佳能 IXUS 系列就是这种轻便类型的数字照相机,它深受大众的喜爱,使用者众多。

图 2-1　佳能 IXUS 系列轻便傻瓜机

这类轻便傻瓜机的特点是镜头、机身和闪光灯一体化，功能全自动，操作极为简便，普通人能用这类照相机轻易拍摄出效果不错的照片。轻便傻瓜机所采用的图像传感器是微小化的，画幅的主要尺寸是 1/2.5 英寸、1/2 英寸、1/1.8 英寸、1/1.7 英寸等。像素通常比其他类型的照相机要低一些，但拍摄出来的照片洗印出 8 英寸以下的纪念照是足够的（这也正是此类照相机的主要用途）。加上其低廉的价格，深受普通百姓和初学者的喜爱，市场占有量最大的就是轻便傻瓜机，如图 2-2 所示。

图 2-2 轻便傻瓜机的拍摄效果

二、专业单反机

图 2-3 专业单反机

专业单反机是一种体积较大而且镜头能够更换的数字照相机。可以根据需要分别使用广角、标准和长焦距等不同的镜头，其闪光灯也是可以拆装通用的。这种照相机是专业摄影师的主要工具，常用于新闻摄影和广告摄影中，如图 2-3 所示。

专业单反照相机的机身多数采用金属材料制造，坚固耐用、有较强的专业功能和配件扩充能力，但价格昂贵。这些都是轻便傻瓜机所不能比的，因为其采用了全画幅或略小于画幅尺寸的图像传感器，而且像素较高（一般代表当时最高像素水平），拍摄的照片画面品质好，能放大为巨幅照片，常常用于人像的拍摄。

三、高档消费机

高档消费机的体积一般比轻便傻瓜机大，比专业单反机要小，而品牌、样式的多少和价格的高低都位于上述两种机型之间。这类照相机基本上也都是镜头、机身、闪光灯一体化的紧密结构，采用的图像传感器尺寸较小，以 1/1.8 英寸、1/1.7 英寸和 4/3 系统为多。像素比较高，拍摄画面的质量比较好，照片可以为报刊、画册、旅游生活杂志等要求较高的刊物宣传使用。因此这类照相机往往成为许多白领阶层和摄影发烧友的首选，照相机外形如图 2-4 所示。

图 2-4　高档消费机

高档消费机具有一些高级的个性化功能和扩展空间。典型高档消费机的镜头具有较大变焦比，一般为 5～12 倍，个别照相机甚至达到 18 倍，是专业机和轻便傻瓜机都比不了的。其次有些照相机还设置有 P，A，S，M 等多种模式，除了全自动操作外，还可用手动操作，便于专业创作。

高档消费机的功能和操作综合了前面两种照相机的长处，与单反专业机相比轻便且操作简单，与轻便傻瓜机相比又更具有专业性，因此这类照相机深受非专业人士的喜爱。

第三节　数字照相机的结构与功能

从外观上看，数字照相机有大小、厚薄、高矮、宽窄等各种外形变化。但是从构造上看，数字照相机的主要结构基本相同。根据结构和功能用途的不同，数字照相机可以分为机身、镜头、取景器、调焦装置、闪光灯、功能模式操作键盘、存储卡、电源八大部件和装置。

数字照相机的机身很重要，但容易被人们忽视，它承载着包括辅助器材在内的所有部件、装置和功能系统，为顺利拍摄提供了最基础、最强大的保证。机身是照相机的骨架，决定着照相机的大小、厚薄、坚固程度、功能和可操作性等。从外部看，机身是一个暗箱，前面安装有镜头，后壁放置感光装置，它的主要作用是把从镜头进入照相机的光线与外界的光线隔离开，让它们能安全地到达感光装置上。所谓安全，就是不能受到任何其他光线的干扰，因此，机身每一部分都必须严格密封，不能有一丝露光。其他所有的摄影辅助装置和部件，如闪光灯、取景器和各种功能操作键盘等，都是安装在照相机的机身上，另外机身还是摄影者拍摄时握持的部位。轻便型照相机机身一般为工程塑料，不够坚固耐久，高档机和专业机的机身大多采用合金制造，坚固结实，体积较大，有些还具有防尘防水的特殊功能。

镜头是光学成像元件，它使被摄景物成像于感光装置上。镜头分为固定式和可拆卸更换式两种类型。一般镜头内部都设有光圈和快门，通过调整光圈的大小和快门的速度控制进入镜头的光线。

数字照相机的其他部件，如取景器、调焦装置、闪光灯、功能模式操作键盘、存储卡、电源六大部件和装置，将在后面分别予以详细讨论，这里就不赘述。

第四节　数字照相机的取景、调焦装置

取景和调焦是任何照相机都必须具有的两个基本装置，取景装置决定了拍摄到的景物范围和拍摄角度，调焦装置决定了拍摄物的清晰程度。

一、取景系统

取景系统是照相机的窗口，通过它我们可以观察和挑选被摄对象并对其进行调焦，还能来回移动和调整画面的构图，直到画面满意时才按下快门拍照。由此可见取景器的重要性，否则如果我们看不到要想拍摄的对象是什么，就不会知道拍摄出来的照片是什么样子。

数字照相机的取景系统是由取景器和显示屏两部分组成，如图 2-5 所示。有些轻便型照相机已将两者合二为一，只有显示屏取景方式。它们的作用：一是我们可以用取景系统来观察和显示被摄对象的影像，为构图和处理画面提供方便。二是它可以为拍摄调焦提供依据，确保影像的清晰度。三是它可以显示各种重要的拍摄信息，便于快速调整技术指标。四是它还可以回放已拍摄的图像，并对局部进行放大观看，检查有关细节质量的好坏。

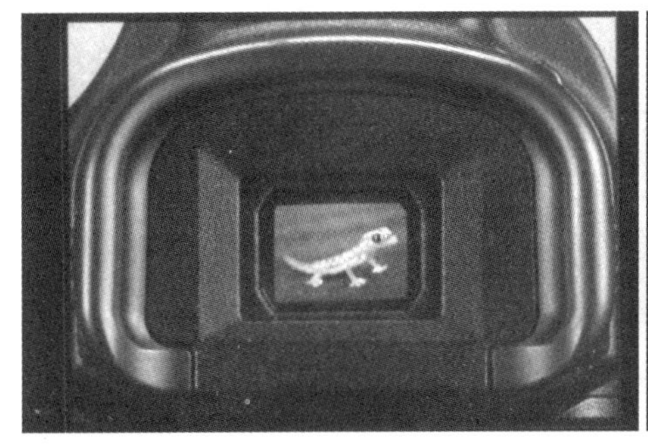

(a)

(b)

图 2-5　数字照相机的取景系统

(a)取景器；(b)显示屏

取景系统从构成原理上大致可分为三种方式，即光学平视取景、单镜头反光式取景、LCD 取景，前两种是传统的光学方式，后一种是新型的电子方式，也是数字照相机使用最多、最有前途的一种取景方式。

1. 光学平视取景

光学平视取景是出现最早的取景系统，它具有结构简单、轻巧实用、操作方便等许多特点，光学平视取景系统由机身上一个与镜头同方向的玻璃窗口和相应的光学系统构成，人们称它为目镜，如图 2-6 所示。通过这个光学玻璃窗口可以观察景物，完成取景、调焦成像，但这种取景系统存在的缺点也是显而易见的，由于取景器与镜头是分开的（取景器一般位于摄影镜头的上方），所以拍摄的画面常常与取景器中看到的画面不一致，总是存在一定的差别，这种差别称为视差，也就是人们常说的“所见非所拍”，如图 2-7 所示。拍摄远距离的景物视差小，被摄近距离的景物视差大，而且这种视差是无法消除的。

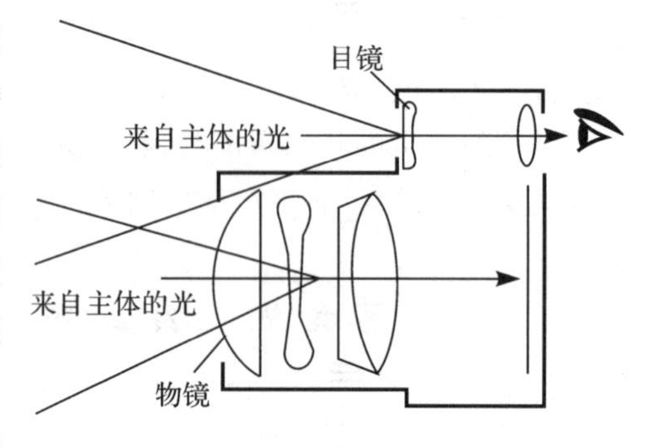

图 2-6　光学平视取景系统

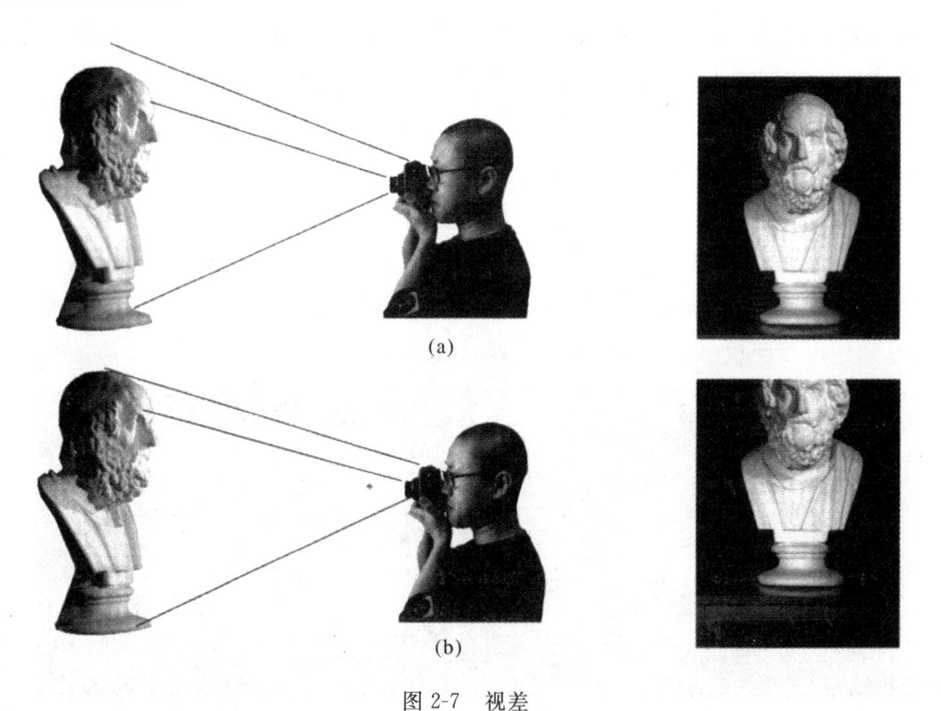

图 2-7　视差

(a)拍摄远距离的景物视差小；(b)拍摄近距离的景物视差大

2. 单镜头反光式取景

单镜头反光式取景是一种非常完美的光学取景方式，绝大多数专业单反机和高档消费机都采用这种取景方式。在这种取景系统中，通过摄影镜头、反射镜、五棱镜的巧妙设计和共同作用，摄影者可以在取景窗口中直接观察到被摄物镜所捕捉到的光学影像，也就是人们常说的"所见即所拍"，如图 2-8 所示。

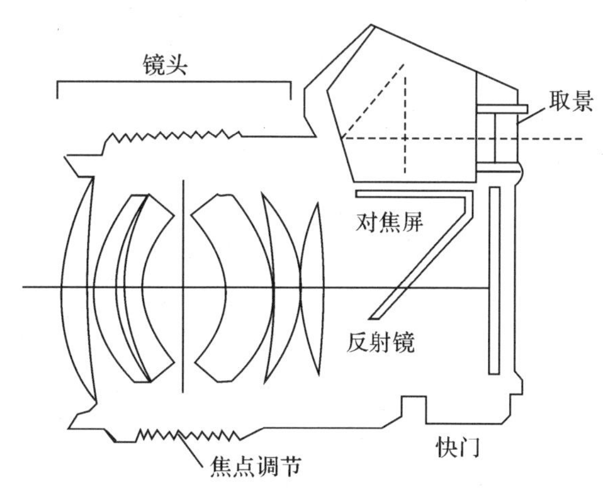

图 2-8　单镜头反光式取景

另外这种取景系统的最大优点是镜头可以更换，机身可以分别使用标准镜、望远镜、广角镜、变焦镜等不同镜头进行拍摄，具有一机多用的效果。

单镜头反光式取景系统通过反光镜的升降来完成取景与拍照两项任务，如图 2-9 所示。转换合理、操作方便，但因为其结构复杂而不能够做到轻巧，工作时机身会有微小的震动，声音也比较大，对抓拍不太有利。同时该取景装置也导致成本的增加，所以这种类型的照相机价格大多都是偏高的。

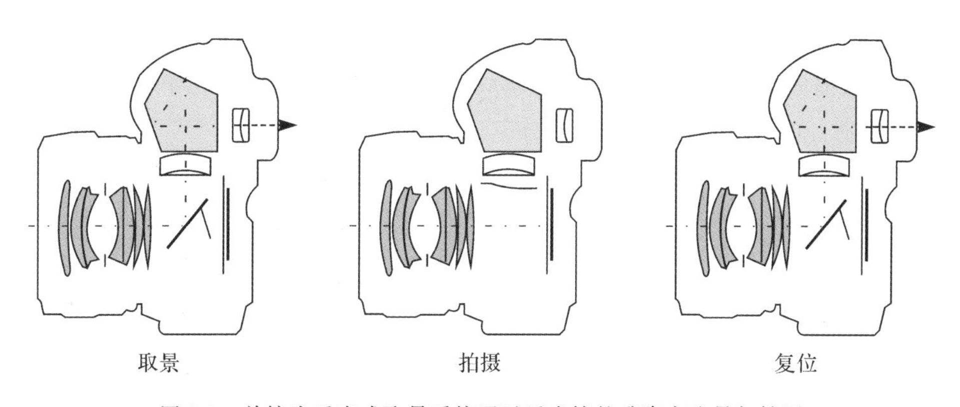

图 2-9　单镜头反光式取景系统通过反光镜的升降来取景与拍照

3. 液晶显示屏(LCD)取景

实际上液晶显示屏是一种电子取景器，也就是说从显示屏中看到的影像不是光学取景器中那种真实的光学影像，而是和电视画面一样的实时电子扫描图像。这种图像是从 CCD 或 CMOS 中直接提取的图像，然后在屏幕上显示出来，如图 2-10 所示。换句话说，电子液晶取景器类似于缩小的电视屏幕，现在这种屏幕又都是用液晶材料制作的，所以通常称其为电子液晶显示屏(LCD)。

图 2-10　液晶显示屏

液晶显示屏(取景器)相对于传统的光学取景系统而言,是一个更大的进步和飞跃,它不光具有观察取景这一重要的功能,还增加了信息交流和及时反馈两大功能。通过电子显示屏,我们可以看到无视差的真实影像,同时还可以检查照片的各项工作数据并及时加以调整。液晶显示屏还能回放以前拍摄的照片,拍摄中如有问题可以马上重拍。有些高档照相机的液晶显示屏可以旋转取景,从不同角度轻松地完成拍摄,比如举过头顶高角度拍摄和放在地上低角度拍摄等。

二、调焦机构

为了使被摄物的光线通过镜头能在光电转换装置上结成一个清晰的影像,拍摄前必须做好调焦工作,如果调焦不准,即使曝光正确,拍出来的照片也是模糊不清的。所以只有准确调焦,才能够得到清晰的照片。

调焦又称聚焦或测距。要获得一张清晰的照片,一定要把照相机镜头放到一个合适的位置上。如果照相机镜头距被摄物的距离为 5m 时,拍摄出来的照片是清晰的,那么就应把景物距离标尺也调到 5m 处;如果调到 4m、6m,甚至 7m,那么拍出来的照片就是模糊的。

目前数字照相机的调焦方式有两种,即手动调焦(MF)和自动调焦(AF)。一般来讲,最常用的调焦方式是自动调焦,尤其是轻便型照相机,几乎只设有自动调焦模式。只有高档数字照相机才具有上述两种模式,供摄影者选用。

1. 手动调焦(MF)

传统照相机和高档数字照相机常常采用手动调焦的方式。

(1)直观调焦　摄影者只要适当选择好拍摄距离,使所需要拍摄的影物完全展现在观察屏中,根据调焦屏上影像的清晰程度来确定调焦的准确度,当调焦屏上影像清晰了,焦距也就调好了。这种照相机多使用磨砂玻璃作为调焦屏,其结构简单,调焦方便,但调焦效果一般。

(2)裂像式调焦　裂像式调焦是在调焦屏的中央部位放两个半圆形的光楔,当调焦不准确时,两个光楔各自所结成的影像彼此错位、分裂;当调焦准确时,两个光楔各自所结成的影像是完整的。裂像式调焦有两种情况,水平裂像和 45°裂像,如图 2-11 所示为水平裂像,(a)图没调好,(b)图就调好了。裂像式调焦的准确性比直观调焦的准确度高 5 倍,而且容易判断,所以深受广大摄影者的喜爱。

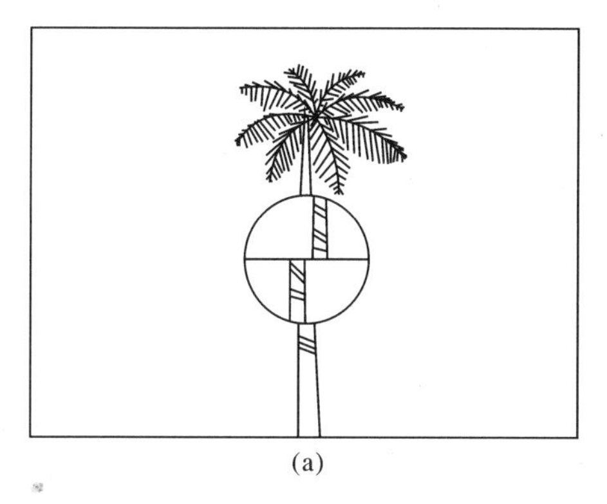
(a)

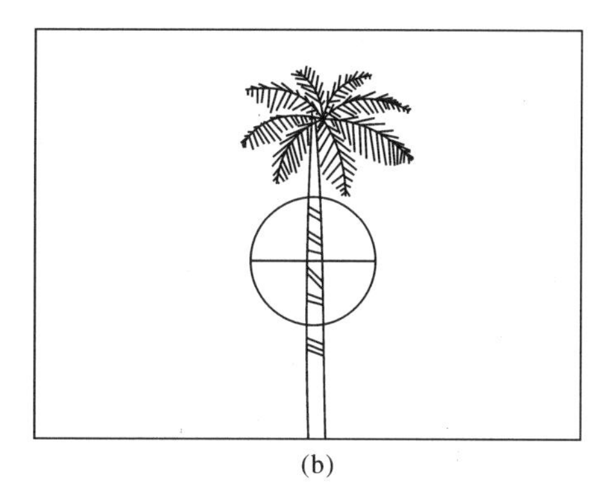
(b)

图 2-11　水平裂像调焦

(a)图没调好;(b)图调好了

(3)叠影式调焦　叠影式测距器通过特殊的光学系统来实现调焦,它可以在取景视场中央现出黄色或其他颜色的影像,在拍摄取景时,如果调焦不准,则会看见两个浓淡不同、相互交错的影像,当转动调焦环使浓淡交错的两个影像逐渐叠合到一起,形成一个清晰的实像时,就说明调焦准确了,如图 2-12 所示,(a)图没调好,(b)图就调好了。

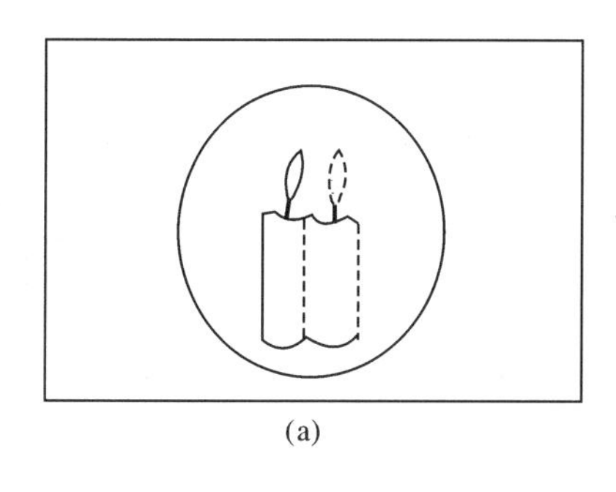
(a)

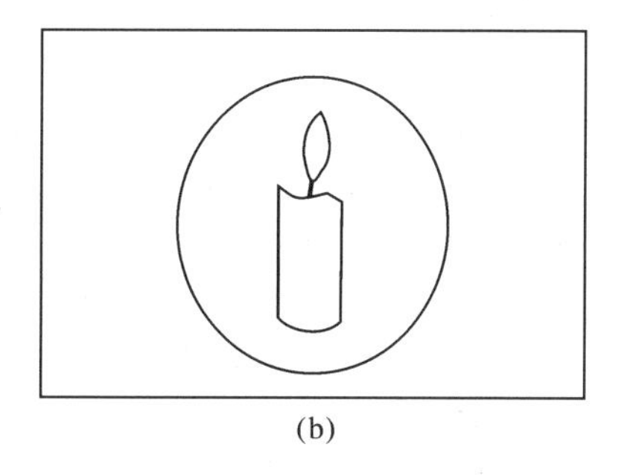
(b)

图 2-12　叠影式调焦

(a)图没调好;(b)图调好了

2. 自动调焦(AF)

在现代摄影中，无论是专业摄影还是业余摄影，都会采用自动调焦操作方式，自动调焦不仅操作简单，而且非常准确。采用自动调焦的操作方式并不意味着在拍摄时你不需要关注调焦，而是应将注意力放在各个调焦指标上。一般高档照相机会提供多种调焦模式供摄影者选择，关注自动调焦目标区也是用好自动调焦的关键。

自动调焦装置主要由红外线测距部件、集成电路和微型马达组成，以侦测被摄对象的反差和模拟再现为工作原理，主要是对物体表面明暗差异的侦测和接收，大体可分为主动和被动两种工作模式。

(1)主动式自动调焦　从照相机的机身小窗主动发射一束红外线侦测光(有的是采用照相机机身上小闪光灯发光照明辅助调焦)，投向一定距离内的被摄景物，并接收从物体表面受到光照后反射回来的明暗信息，再由微电脑对此信息计算后，给出调焦距离，驱动机身上或镜头上的微型马达完成调焦工作，并在取景屏上获得一个清晰的影像，如图 2-13 所示。这种自动调焦方式多用于中低档的数字照相机中。

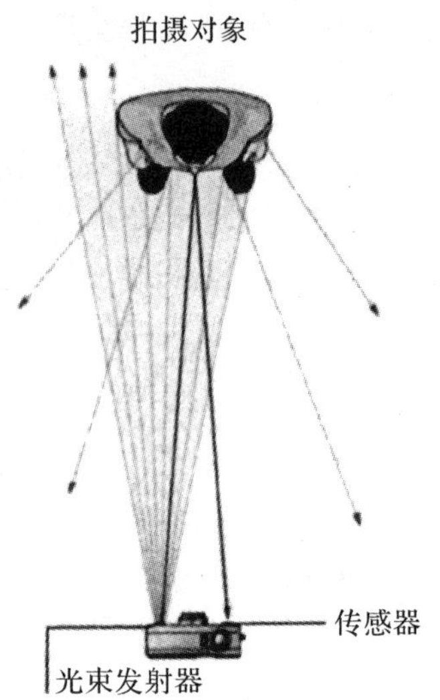

图 2-13　自动调焦示意图

(2)被动式自动调焦　照相机本身不主动发射侦测光，而是直接接收外界景物自身反射过来的光线，这些光线包含有景物的表面明暗信息，如图 2-14 所示。照相机微电脑根据相位差原理计算出拍摄目标的距离，再驱使微型马达完成调焦工作，使取景屏上成一清晰的景物影像，如图 2-15 所示。这种自动调焦方式多用在中高档数字照相机中。

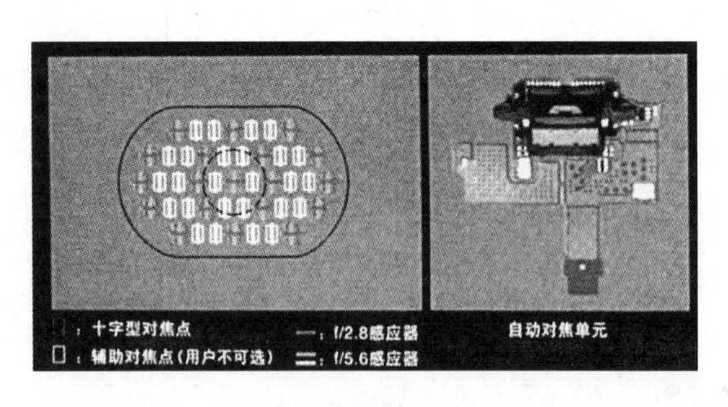

图 2-14　调焦元件

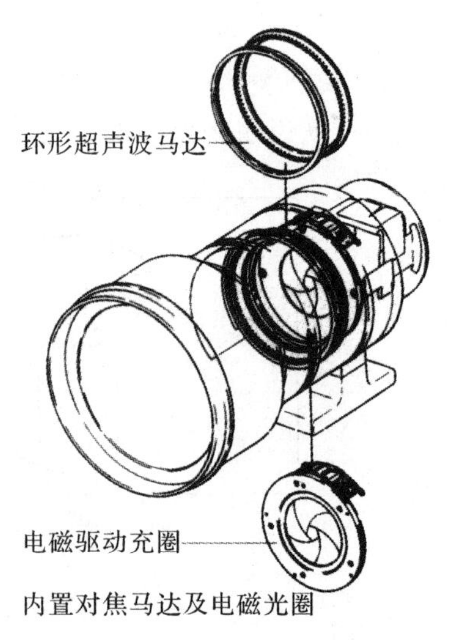

图 2-15　调焦马达

被动式自动调焦的优点是利用现场光调焦，工作范围广、拍摄距离远、耗电少，当现场光线比较暗时，如夜晚就很难正常工作了。主动式自动调焦与被动式自动调焦正好相反，可以主动发射红外光线来实现调焦工作，不受外界光线条件的限制，但拍摄目标距离太远时，照相机也无法拍摄。目前大多数数字照相机都是将两种调焦方式结合应用，正常光线下使用被动调焦，特殊光线下则启动主动调焦方式。

总的说来，自动调焦也有它的局限性。当拍摄目标自身缺乏明暗对比，反差微弱时，如遇到雨雾天、暮色降临时就无法正常工作了，这时摄影者应该关闭自动调焦挡改用手动控制调焦，如图 2-16 所示。

图 2-16 自动与手动调焦转换键

除了调焦模式外，自动调焦区域也是我们在使用照相机时要重点考虑的。自动调焦区域分为中心区域调焦（单点调焦）和多点区域调焦（又分为线型多点、十字型多点和矩形多点等），有些高档照相机的多点区域调焦点已达到 10 点以上，如图 2-17 所示。

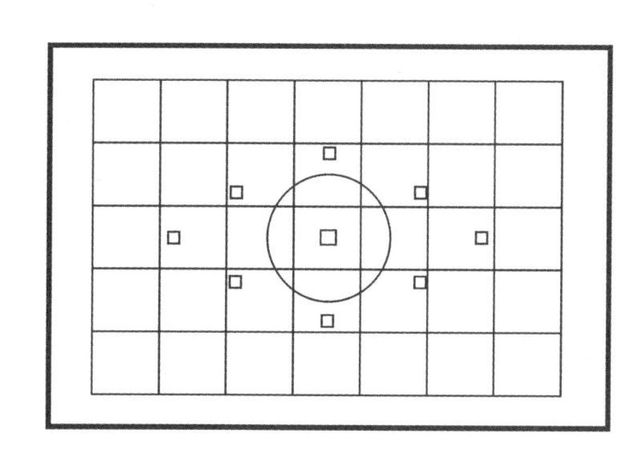

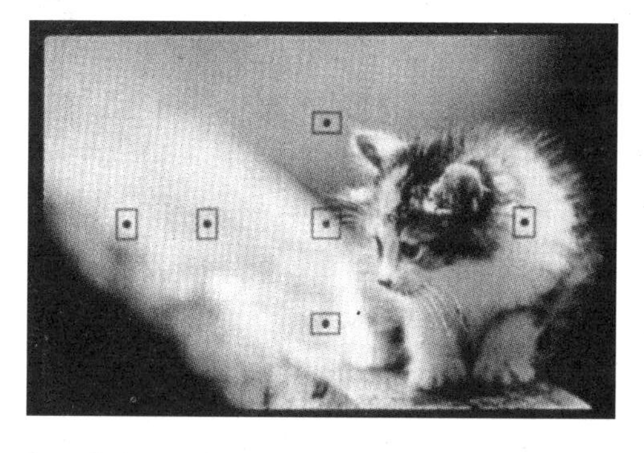

图 2-17 中心区域调焦和多点区域调焦

多点区域性调焦的好处是，增加了上、下、左、右各个方位的调焦点，以便在构图时主体处于不同位置处均能准确调焦，弥补了中心区域调焦的不足。多点区域性调焦在拍摄动态物体时，覆盖面大，调焦速度更快。

多点调焦是不是调焦点越多越好？不是，那么多少点调焦才是比较好？实际上，5 点调焦分布是最基本的也是最常用的，即在画面的中心、上、下、左、右各设置一个调焦点，如图 2-18 所示。其他更多的调焦点都是在这 5 点的基础之上衍生出来的。拍照时，数字照相机会根据摄影者的工作设定，实施单点调焦或多点调焦的操作，单点调焦是从画面中的 5 个焦点区域中自动挑选出一个调焦点(或中心或周围边点)，自动调焦使该点物体清晰；多点调焦是将画面中的所有调焦点同时启动调焦，并自动选择画面中最大或最靠前的物体为焦点目标位置，自动调焦使画面清晰。

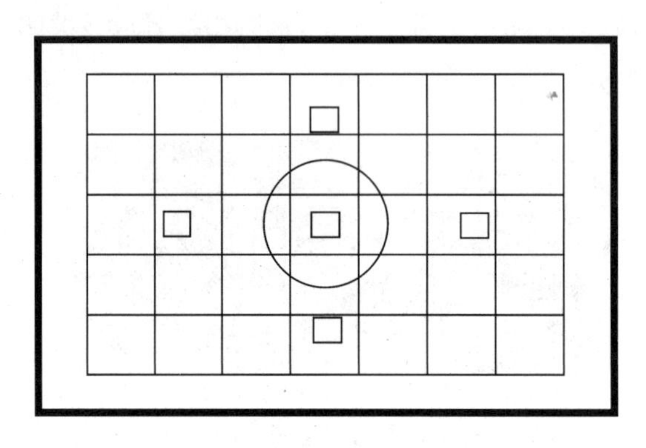

图 2-18　5 点调焦分布

在实际拍摄中，中心区域(单点)调焦因为直接、方便，使用最多，因此成为大多数中低档数字照相机的主要或者唯一的调焦方式。这种调焦方式只要将被摄主体放在画面的中心位置处进行调焦和拍摄，最常见的是人物摄影，我们通常将主体人物的脸部放在画面的中心处调焦拍摄，这样就可以得到一张主体人物脸部清晰的摄影照片。

调焦时，在取景屏上会有多个小方框来指示调焦区域，既可选择取景屏中央的小方框作为自动调焦的目标区，也可选择其他位置的小方框作为自动调焦的目标点。调节时，只要按下照相机上调焦位置的按钮，中央调焦小方框便会点亮，转动照相机上的转盘便可改变调焦亮点的位置。哪个调焦小方框点亮，就意味着该调焦框是自动调焦的目标区，当出现全部调焦框都被点亮时，意味着拍摄时照相机会在所有调焦小方框的景物中，自动确定调焦对象，这种灵活调节自动调焦目标区的功能，可以提高自动调焦找准目标的速度。

第五节　电子闪光灯原理与应用

摄影离不开光，在许多实际情况中，现场光线比较差，对拍摄不利，尤其是在室内摄影时，往往会由于光线的亮度不够或反差太大，导致拍摄困难，因此必须借助辅助光来完成拍摄，最简单、最方便的辅助光就是电子闪光灯所发射出来的光线。无论是专业摄影者还是业余摄影者，都必须学会使用电子闪光灯进行闪光摄影。

电子闪光灯是一种电子发光工具，能及时、主动地提供照明光源，解决夜间、室内和树阴下等光线不足的现场拍摄受限制的问题，深受广大摄影者的喜爱。

电子闪光灯根据独立程度不同可分为内置式闪光灯(如图 2-19 所示)和外置式闪光灯(如图 2-20 所示)两种。根据指数(功率)大小又可分为不同类型,如 20*GN* 以下为小型闪光灯,20～40*GN* 为中型闪光灯,超过 40*GN* 的为大型闪光灯,不论是内置式闪光灯还是外置式闪光灯,是独立的还是不独立的,是小型的还是中型或大型的,其闪光原理和特性都是一样的。

图 2-19 内置式闪光灯

图 2-20 外置式闪光灯

一、电子闪光灯原理与发光特性

电子闪光灯的灯管是用高强度石英玻璃做成的,灯管内充满了惰性气体(通常是氙气),没有发光时这种惰性气体是不导电的。当电子闪光灯触发时,来自触发电路的高压使闪光灯管内的惰性气体被电离成为导体,电荷快速通过灯管两极产生放电现象,发出强烈的闪光。一只正常的电子闪光灯,反复闪光可达一万次以上,可谓经久耐用。

电子闪光灯的发光具有四大特性:发光强度特大,发光持续时间极短,发光色温(5500～6000K)与日光相同,发光性质为冷光。

二、电子闪光灯输出功率和亮度

电子闪光灯的输出功率和亮度大小通常是用闪光指数“*GN*”来表示的,*GN* 值越大意味着输出功率越大、亮度越高,在实际应用时,*GN* 值的计算与两个参数有关,即距离和光圈,且在 ISO100 感光度的前提下,计算公式为:

$$GN = \text{拍摄距离} \times \text{光圈值} \tag{2-1}$$

例如数字照相机上内置式小闪光灯 *GN* 值为 16,若选光圈为 4,代入式(2-1)可以计算出拍摄距离应在 4m 内。如果选择闪光指数 GN 为 24 的外置式闪光灯，若还是使用光圈 4，则拍摄距离应在 6m 内。

电子闪光灯外形小巧，但发光强度极大。一只闪光指数为 $GN22$ 的小型电子闪光灯，其亮度大约相当于一万瓦白炽灯所发出的光。电子闪光灯每次闪亮的持续时间极短，大约只有几百分之一秒至几万分之一秒，在这个时间内被摄物体将会“凝固”在画面上，没有动感，如图 2-21 所示。

图 2-21 “凝固”在画面上的被摄物体

由于电子闪光灯点亮的时间极短，因此要求闪光灯点亮时间与快门开启时间准确配合，两者应同步。若闪光灯和快门不同步，则达不到使用闪光灯照明的目的。闪光同步是指闪光灯正好在快门完全开启的瞬间点亮，使整幅画面均感受到闪光。由于电子闪光灯的闪光持续时间极为短暂，如果不是在快门完全开启时触发闪光，则会使整幅画面感受的闪光量不足，或使部分画面感受到闪光，部分画面没有感受到闪光，甚至使整幅画面都没有感受到闪光，这些情况都称为“闪光不同步”。

闪光同步速度与照相机类型和快门的拍摄速度有直接关系。目前数字照相机的快门最高同步速度是 1/250s，个别照相机可达到 1/500s。使用快于最高同步速度的快门时，闪光灯与快门不能同步，因此不能使用闪光灯来进行拍摄；使用慢于这一速度的快门时，闪光灯与快门均能实现同步闪光照明和拍摄。闪光同步速度高的主要优点是，在日光下用闪光灯补光时，对光圈和快门速度的选择余地较大，便于控制景深和持稳照相机。

需要指出的是，大多数低档数字照相机只能实现本机内接闪光灯的同步闪光，只有中高档机才具有外接闪光同步的功能。

第六节　数字照相机的其他装置

数字照相机从观察取景，到调焦完成照片拍摄，需要得到相应的精确控制。也就是说照相机必须通过设定的参数和程序来实施自动拍摄，而参数的设定和程序的选择主要由调控装置的功能模式操作键盘来决定。

一、调控键盘与菜单

在数字照相机的机身上有各种各样的按钮键和调控盘，它们主要分布在照相机的正面（如图 2-22 所示）、背面（如图 2-23 所示）和顶部（如图 2-24 所示）。其中在顶部的圆形功能盘是最主要的调控集合装置(如图 2-25 所示),上面分布有各种工作模式符号,通过旋转调整功能盘,可以选择你想要使用的某种工作模式。如在曝光模式中选择 P 模式,它就可以使照相机按一定的程序自动曝光来拍摄照片;如选择 M 模式,你就必须先确定光圈的大小和快门的速度后才能完成手动拍摄。也可以在调焦方式中选择自动连拍的功能(对运动物体常用这种方法)来实现连续自动的拍摄。功能盘还有一些常用的拍摄模式,如全自动模式、人像模式、风景模式、夜景模式等,方便初学者使用。有些照相机的功能盘还具有改变感光度高低和影像文件大小等功能,在实拍中可以自己试试。

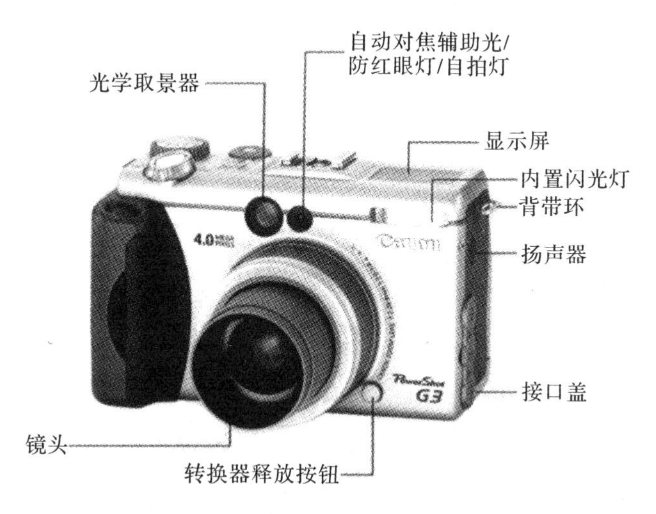

图 2-22　数字照相机正面按钮键和调控盘

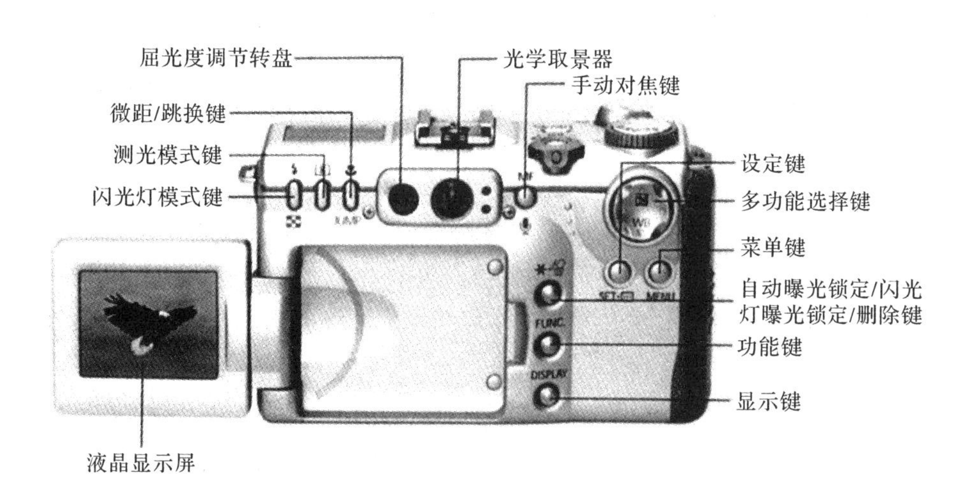

图 2-23　数字照相机背面按钮键和调控盘

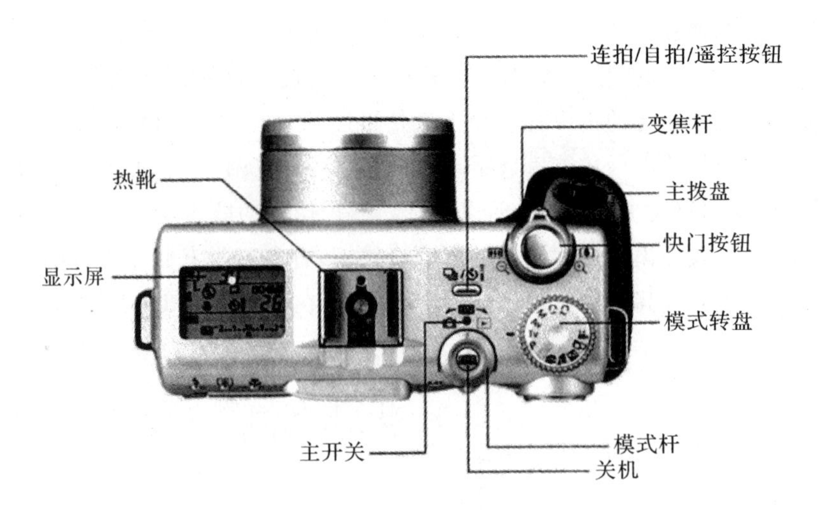

图 2-24　数字照相机顶部按钮键和调控盘

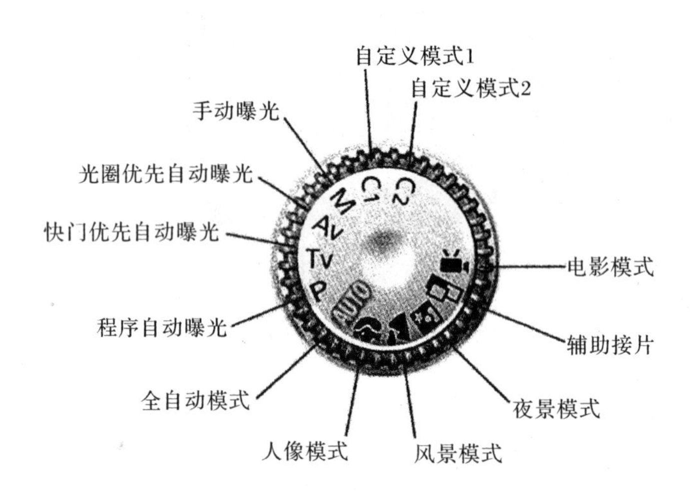

图 2-25　模式转盘的功能符号

掌握了功能盘的具体设置，就可以根据拍摄的需要，调整或旋转功能盘来选定最佳拍摄工作模式。

数字照相机由一个微型电脑所控制，所以它的工作模式和任务也可以用菜单的方式来确定。菜单是通过照相机的液晶显示屏来展示的，可以在液晶显示屏中分级、分层地选择和设置菜单中的各种目标任务。每个数字照相机在出厂时都有专门设计的工作菜单，供使用者自由选择，如图 2-26 所示。

除了一些基本指标设置只能在菜单中调整外，常用的主要的功能和模式，在菜单和功能盘上都可以实现设置与调整。功能盘调整属于快捷方式，操作起来方便又快速，所以大多数功能和模式用不着进入菜单中分级栏目来调整，可直接通过功能盘进入目标调整即可。

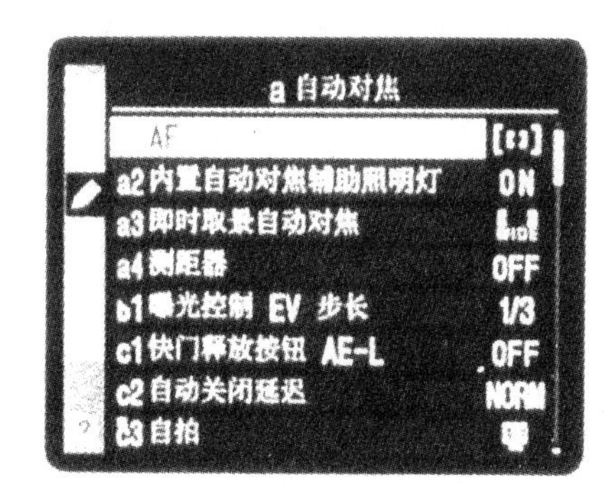

图 2-26　数字照相机的工作菜单

二、存储卡

数字照相机将光学图像信号转换为数字文件保存在存储卡上，因此存储卡是照相机必不可少的一个部件，不同品牌、不同型号的照相机会采用不同的存储介质，但相同品牌的照相机一般会采用同一种存储介质。相同的存储卡在不同的照相机中只要卡口相同均可通用，只有少数照相机使用特殊的存储卡，如索尼系列照相机就使用一种专用的记忆棒，这种记忆棒是不通用的。

目前常用的存储卡有四种类型，它们分别是 CF 卡（包括微型硬盘）、SD 卡和 MMS 卡，再一种就是索尼的记忆棒。图像存储的数据量越大，获得的数字照片图像质量就越高，所以容量大的存储卡才能满足摄影者拍摄高质量数字照片的需要。随着数字照相机像素数的不断提高，存储卡的容量越做越大，常用的有 512MB、1GB、2GB、4GB 的存储卡，甚至也出现了 10GB 以上的存储卡，只是价格比较高。下面简单介绍四种类型的存储卡。

1. CF 卡（compact flash）

CF 卡是 1994 年由美国的一家公司研发成功的。它的重量约为 14g，尺寸大小为（43mm×36mm×3. 3mm）。由于内部没有运动的部件，极少出现机械故障，使存储的图像数据安全可靠。由于采用闪存技术，性能比较稳定，不需要用电池来维持其中存储的数据，CF 卡比传统的磁盘驱动器更安全，其可靠性高 5～10 倍，而且用电量仅为小型硬盘的 5%，CF 卡使用 3. 3～5V 的电压就可以正常工作。CF 卡除了在数字照相机上使用外，还被大量应用在 MP3、掌上计算机等数字设备中。

2. SD 卡（secure digital memory card）

SD 卡是一种基于半导体快闪记忆器的新一代记忆设备。SD 卡由日本松下、东芝及美国 San Disk 公司于 1999 年 8 月共同研制开发，它的重量只有 2g，体积为（24mm×32mm×2. 1mm）。拥有高记忆容量、快速数据传输率、极大的移动灵活性以及很好的安全性，通过 9 针的接口界面与专门的驱动器相连接，不需要额外的电源，而且是一体化固态介质,没有任何移动部件,所以不用担心机械运动时被损坏。

3. MMS卡(multimedia card)

MMS卡是一种多媒体存储卡,它由美国San Disk公司和Siemens公司在1997年共同开发。MMS卡与传统的移动存储卡相比,最明显的特征是外形尺寸更加缩小,它的大小只有普通邮票那么大,外部尺寸为(32mm×24mm×1.4mm),而其重量不超过2g。MMC卡在设计之初是为了手机和寻呼机市场,之后因其具有小尺寸和大容量的独特优势,迅速被引进更多的应用领域,如数字照相机、PDA、MP3播放器、笔记本电脑、便携式游戏机、数字摄像机等领域。

4. 记忆棒(memory stick)

记忆棒是索尼公司的专用产品,这种口香糖型的存储设备几乎可以在所有的索尼影音产品上通用。记忆棒外形轻巧,并拥有全面多元化的功能。它的极高兼容性和前所未有的"通用储存媒体"概念,为未来高科技个人电脑、电视、电话、数字照相机、摄像机和便携式个人视听器材提供了高速、大容量的数字信息储存、交换媒体,除了外形小巧、具有极高的稳定性和版权保护功能外,记忆棒的最大特点是在索尼公司推出的大量产品中均被使用。

由于存储卡存在卡口不通用的问题,所以购买存储卡时,首先应考虑的是该卡能否在照相机中使用,如能,应准备2~3张或能保存1000~2000张照片的存储卡,如果经常外出旅行,还需要准备更多的存储卡。

三、电源

照相机的显示屏对电的需求很大,控制电路和储存卡两大部件对电也有一定的需求,所以电源是数字照相机必不可少的配件,没有电,数字照相机就是一块废铁。实践告诉我们,数字照相机的耗电量非常大,远远超过传统照相机的耗电量,如果它还使用内置闪光灯,那么电量消耗更快,所以电池的性能决定了数字照相机使用时间的长短。在选购数字照相机时,电池的性能是一个很重要的参考指标。

目前,数字照相机所使用的电池主要分为碱性电池、镍氢电池和锂电池三大类。碱性电池和镍氢电池大多采用标准的五号电池,即国际标准的AAA电池,它们可以相互替换。锂电池的大小和外观主要由照相机生产企业自行决定,不同品牌和型号的照相机只能使用特定型号的锂电池。因此和存储卡一样,应该随身携带一份或两份备用电池。下面简单介绍三种常用电池。

1. 镍镉电池

镍镉电池的外形与标准的五号电池相同,但具有可充电性能,电流较大,低温性能好等优点,缺点是有严重的"记忆效应"。"记忆效应"是指在电池没有完全放完电的情况下就进行充电,导致电池容量下降,使电池的使用寿命变短。

2. 镍氢电池

镍氢电池于1985年由荷兰飞利浦(Philip)公司将镍镉电池的负极氧化镉材料改为技术成熟的储氢金属,开发出了新的镍氢电池。镍氢电池大大减少了镍镉电池的“记忆效应”,具有容量更高、寿命更长、充电时间更短等优点,它的外形与标准的五号电池相同,所以使用五号电池作为电源的数字照相机目前大多数都改用镍氢电池。镍氢电池的缺点是温度适应性比较差,在45℃以上的高温环境下和0℃以下的低温环境下无法正常工作,甚至无法启动照相机。镍氢电池的自放电率较高,如果有一段时间不用,它的电能就明显减少,因此使用前,应将电量放完后再重新充满。在记忆效应方面,镍氢电池也存在着一定的“记忆效应”,充电前最好将残余电量放尽。

3. 锂电池

锂电池是20世纪90年代由日本、美国率先开发出来的新型可充电电池,它的全称为锂离子电池,采用嵌入锂的化合物作为电池的正极,碳素材料作为电池的负极,以锂盐有机溶剂为电解质。它的优点是重量轻、容量大、能量高而极其耐用,它比镍氢电池轻1/3左右,能量却高出60%,而且几乎没有“记忆效应”,是数字照相机的首选电源。锂电池的缺点是价格较贵,各种型号数字照相机的锂电池不能通用。所以要配备一块备用锂电池,同时充电器材也应随身携带。

第七节 数字照相机的性能

数字照相机是集光学、机械、电子于一体的现代化高新科技产品,它集成了影像信息的转换、存储和传输等多种部件,具有数字化存储模式与电脑交互处理和实时拍摄等特点。数字照相机常见的性能指标有:像素水平、分辨率、色彩深度、连拍速度、存储能力、相当感光度、取景方式、数字变焦、文件格式及电源参数等十几项,其中有些性能指标直观易懂,如取景方式、数字变焦、文件格式以及电源参数等,有些性能指标专业性较强,在选购和使用数字照相机时,先要弄清楚有关的性能指标。

一、像素水平

像素是用来计算数字图像的一个基本单位,像素看起来像一些小点,当把这些小点紧密地排列在一起就构成了连续的颜色和阴影,构成了图像的形状。与传统摄影的照片一样,数字图像也具有连续性的浓淡阶调,我们若把影像放大数倍,就会发现这些连续色调其实是由许多色彩相近的小方点所组成,这些小方点就是构成影像的最小单位“像素”,可以说像素是组成数字图像的最小单位。

像素是衡量数字照相机的最重要指标。CCD所含像素及CCD面积的大小直接影响了成像的质量,数字照相机的像素数值越高,构成影像的清晰度也就越高,文件数据量就越大，在同样精度条件下就可以输出大幅面的高精度照片。从理论上讲，数字照片的像素应该与照相机 CCD 的像素总数相同，但由于某种原因，如冗余性，一般照片的像素数都稍少于 CCD 的像素总数。因此，数字照相机像素的高低直接决定了所拍照片的像素。照相机的像素常有两种表示方法：一是阵列表示法，即"横纵像素的乘积"，例如，像素 640×480、1024×768 等；二是用总量表示法，例如像素 30 万(640×480)、80 万(1024×768)、100 万(1280×1024)等。这两种表示方法实质是一样的，对于一般家庭来说，500 万～800 万像素的数字照相机的清晰度已经可以了，而且价格也适中。

二、分辨率

分辨率又称解析度，它是数字照相机的一个很重要性能指标，常常用来衡量数字照相机拍摄记录景物细节能力的大小，它的高低既决定了所拍摄影像的清晰度高低，又决定了所拍影像文件最终能打印出高质量画面的大小，以及在计算机显示器上所能显示画面的大小。

数字照相机的分辨率通常用"每英寸的点数"来衡量。数字照相机分辨率的高低，取决于照相机中 CCD 电荷耦合器件芯片上像素的多少，像素越多，分辨率越高，像素越少，分辨率越低，因此分辨率的高低也就用像素量的多少间接加以表示。数字照相机的分辨率是由其生产工艺决定的，在出厂时就固定了，用户只能选择不同分辨率的数字照相机，而不能调整一台数字照相机的分辨率。就同类数字照相机而言，分辨率越高，照相机档次就越高，但高分辨率的数字照相机生成的数据文件很大，在加工与处理时，对计算机的速度、内存和硬盘的容量以及相应软件都有较高的要求。

数字照相机的分辨率可以根据压缩比的不同分为最高(超优质)、较高(优质)和标准(普通)三种类型，这种分类主要是根据数字照相机所能存储数量和照片的质量来综合考虑的，这也正是数字照相机与传统胶片照相机的重要区别之一。通常超优质(最高分辨率)照片压缩比最小，图像损失最少，分辨率最高，所占的存储空间最大；普通(标准分辨率)照片要经过较大的压缩，图像损失大，分辨率最低，所占的存储空间最小；而优质(较高)照片则介于两者之间。例如：Epson Photo PC700 数字照相机，在标准模式下可储存 640×480 照片约 50 张，在优质模式下可储存 1024×960 照片约 12 张，而在超优质模式下只可储存 1280×960 照片约 6 张。因此，在色彩深度相同的情况下，并非像素的值越大就肯定照片的质量就越好，这与厂家在照片质量与照片数量之间的折中策略有关，清晰度高通常都是以牺牲照片的数量为代价的，同是百万像素级的照片，只有当数据量相差 4 倍之多(指 JPEG 格式)时，才能用肉眼仔细观察看出照片清晰度和色彩还原层次上有一些差别。此外，较高的分辨率并不直接对应于较好的图像质量，这是因为图像的质量还取决于镜头的质量、图像捕获芯片、压缩方法，以及其他因素。

三、色彩深度

色彩深度又叫色彩位数，它是用来表示数字照相机的色彩分辨能力。三原色红、绿、蓝的三个通道中每种颜色为 N 位的数字照相机，总的色彩位数为 $3N$，可以分辨的颜色总数为 2^{3N}，如一个 24 位的数字照相机可得到总数为 2^{24}，即 16777216 种颜色。数字照相机的色彩位数越多，意味着可捕获的颜色细节数量也越多；色彩位数越多，影像色彩就越鲜艳，越真实，成像的色彩质量也就越高。通常数字照相机有 24 位的色彩位数已经可以满足人们大部分的拍摄需求，广告摄影等特殊行业用的数字照相机，则需要 36 位或 48 位的色彩深度。

四、连拍速度

数字照相机拍摄时要经过光电转换、A/D 转换、图像处理及图像存储等过程，其中无论是转换，还是图像处理和存储都需要花费时间，特别是图像文件存储花费的时间较多，因此大部分数字照相机的连拍速度不是很快。目前数字照相机中最快的连拍速度为 10 帧/秒，并且连拍 3 秒后必须停几秒才能继续拍摄。连拍速度对于摄影记者和体育摄影爱好者是必须注意的性能指标，但在普通摄影中可以不作过多考虑。

五、存储能力

数字照相机所用的存储介质分为内置式（存储器）和可移动式（存储卡）两种。内置存储器是与数字照相机固化在一起的，它不需要另配存储介质，其局限性在于一旦介质存满后，必须将所拍摄的图像下载到计算机中，以便释放出存储介质的存储空间，方能进行下一次的拍摄。内置存储器的存储能力有限，不能连续大量的拍摄，特别是高像素的数字照相机，需要存储的容量较大，因此，高像素的数字照相机很少采用内置式存储介质。

存储卡是随时可装入数字照相机或从数字照相机中取出的存储介质，存满后可随时更换，只要备足所需的存储卡，就可以进行大量的连续拍摄。目前各种品牌的数字照相机使用的存储介质也比较多，常见的有微型闪存卡、微型硬盘、智能存储卡、记忆棒等，也有部分数字照相机使用 CD-R 刻录光盘、磁光碟作为存储介质。常用的存储卡的容量从 1MB 到 10G 不等，存储卡容量越大，可以拍摄照片的张数就越多。

六、相当感光度

数字照相机虽然不使用感光胶片，但用于感光的 CCD 对曝光量也有相应的要求，同样存在感光灵敏度高低的问题，因此，CCD 也就和胶片一样有一定的感光度。不同的 CCD 对光线的敏感程度有一定的差异，因此数字照相机厂家为了方便使用者，将数字照相机对光线的敏感程度等效转换为传统胶卷的感光度值，采用“相当感光度”的概念来表示数字照相机的感光性能。

相当感光度是数字照相机的一个重要性能指标。其数字的大小直接影响到数字照相机的拍摄效果，特别是在光线比较差的情况下的拍摄效果。数字照相机相当感光度有一定的范围，用通常衡量胶片感光度高低的眼光来看，目前数字照相机感光度分布在中、高速的范围内，最低的为 ISO50，最高的为 ISO6400，多数在 ISO100 左右。在所允许范围内，将感光度设置得高或低，拍摄的效果是有所区别的，平时拍摄时可将它置于最佳感光度这一挡上。有些轻便型数字照相机，曝光参数是由照相机自动设定的，没有标明照相机的感光度。没有内置闪光灯的数字轻便照相机，在光线较暗的情况下拍摄，或者当被摄物体处于运动状态下，应将感光度调得高一些。数字照相机的曝光宽容度较小，在拍摄质量要求较高的场合，最好使用带有曝光补偿功能的数字照相机。

在数字照相机的各种性能指标中，图像质量是第一位的，如果图像质量不好，其余一切性能都黯然失色，因此应该在自己预算的范围内，尽可能选择图像质量最好的机型。数字照相机的图像质量由很多因素决定，其中 CCD 传感器的分辨率是最主要的因素之一，但并不是唯一的因素，色彩深度、CCD 的制造水平、镜头的质量等因素也是不能忽视的。除了成像质量外，选购一台数字照相机还有诸多因素需要考虑，如调焦方式、取景方式、拍摄速度、价格、存储介质、存储格式、耗电量，等等，大家可以根据自己的需要自行选择。了解数字照相机的各种性能指标，对于选购和使用数字照相机是有帮助的。

第八节　数字照相机的选择

在选购数字照相机时，应从诸多方面综合考虑。

一、选择数字照相机要量力而行

我们应该明确购买照相机主要用来做什么？是随便玩玩还是有专业的需要，或者只是为了高档的追求，同时还要根据准备投入的资金数量，进行全面的分析和比较，然后再来选购相应价格的照相机。一般用于拍摄家庭纪念照，轻便傻瓜照相机就可以了；若是用于记录旅游、人物活动等生活摄影，应选购高档消费机；如果是摄影爱好并有多种专门用途的拍摄，就应该将专业单反机作为选购的重点。如果确定选购专业单反机，一般是先购买实惠的套机（机身＋变焦镜头），然后再根据不同的需要逐步配置更多的镜头和专业配件。

二、数字照相机要便于工作

摄影人追求的工作状态是轻松、方便、多功能，因此要求照相机的机身要轻巧，以便携带，还可降低工作强度，减少体能消耗。摄影镜头的光学变焦比应在 5 倍以上，方便应对各种拍摄要求，镜头的变焦比大则工作范围广，所谓“一镜走天下”就是这个道理。

三、数字照相机的像素要高

摄影照片的质量好坏主要取决于照相机图像传感器的像素多少，一般情况下是像素越高，照片的质量就越好。在数字摄影技术的发展中，图像传感器的像素在不断地提高，现在具有千万像素的照相机已经很多见了，将来还会不断地提高，为了保证拍摄出来的照片精美漂亮，使用高像素的数字照相机是必需的。如果是轻便型照相机，像素不能低于500万，以保证扩印为5英寸的照片时，照片的画质不会改变太大。如果是选购专业单反机，像素不能低于1000万，以保证能够扩印为10英寸的照片。

四、数字照相机的功能要强大，适用面要广

照相机功能多，意味着在实际拍摄中照相机可以应对和解决任务的能力范围大。从功能的角度上看，应该是越多越好、越强大越好。数字照相机应有强大的自动拍摄功能，以实现快速精确的拍摄，还应有各种手动操作模式，供摄影者自主灵活地控制照相机的工作模式和设置各种工作状态，以便获得摄影者想要得到的各种摄影效果。

五、数字照照相机的通用性要好

对一个摄影者来说，为了拍摄不同的场景，需要拥有各种摄影器材和设备。为了节省投资，避免重复和浪费，可以选择一些大众化的配件，如镜头、闪光灯、存储卡、电池等，避免选用特殊型号的配件造成不能通用的麻烦。

在选购数字照相机时，不要在新颖多样的产品前看花了眼，也不要被巧舌如簧的商家忽悠，应根据上述五大原则并综合分析确定选购对象，真正购买到适合自己的数字照相机。

第九节　数字照相机的使用和维护

在使用数字照相机之前，我们应该详细阅读厂家提供的说明书，熟悉照相机的结构特点、使用方法和操作注意事项，严格按照相机使用说明书的要求进行操作，在未掌握照相机各部件的功能和使用方法之前，不要乱按乱扭，特别是扭不动时，不要使劲去扭，只有完全了解和掌握所使用的照相机后，才能外出拍摄。

一、数字照相机的使用

一般情况下，数字照相机拍摄的工作流程是：拿起照相机，选择拍摄对象，调整照相机，轻按快门，然后我们就可以看到一张刚拍的照片，全程每一步都有相应的动作和功能选择，以获得所需要的效果。虽然在实际拍摄中，有些动作和过程是融合在一起的，但从大致顺序上可以将拍照流程分解如下。

1. 拿起照相机，安装好存储卡和电源，开机

存储卡有不同的型号和规格，工作在不同的电压下，有的是 3.3V，有的工作在 5V。插入存储卡前应详细阅读数字照相机的使用说明书，选择合适型号和规格的存储卡插入卡口。存储卡是一种精密部件，操作时务必小心，要防止存储卡跌落后受到撞击。如果存储卡已经插好，则可直接进行下一步。特别要强调的是，照相机接通电源后，不可退出存储卡、取出电池或拔掉交流电源适配器，否则存储卡上的资料将会受到损坏。目前数字照相机所用的电源规格是五花八门，有 5 号电池、2CR5 锂电池，还有各种数字照相机自配的充电电池，安装电池前应认真检查电池型号并确认与该照相机的电池型号无误后，才能安装上去。

将记录/播放开关置于记录位置，然后开启电源，这时数字照相机开始查看插卡的情况，如果插卡有问题，控制面板上就会出现插卡错误的标志并在工作状态处出现红色提示信号，这时需要关闭电源重新插卡。数字照相机耗电量很大，而且充电电池的电能消耗速度是标准碱性电池的两倍，节约能源对于数字照相机来说，是一个很现实的问题。为了使照相机电池的寿命得以延长，最好关掉液晶显示屏、尽可能少使用闪光灯，并在传输图片时使用交流电源适配器。

2. 在功能盘或菜单中设置好图像的分辨率，选择文件格式和文件容量

数字照相机有许多优点是传统照相机所不具备的，如用数字照相机在同一次拍摄中，每张照片都可以分别使用不同的分辨率和不同的文件格式保存图像。数字照相机一般有两种以上的分辨率设置，图像质量的存储方式也有三、四种之多，不同的分辨率和图像质量设置将直接关系到照片的质量。

分辨率的选择，重要的原则是不要贪心，应根据对数字照片分辨率的不同要求，选择不同的分辨率，不要轻易选择比实际需要高的分辨率或像素，设定过高的分辨率虽然不会有任何物质上的损耗，但是毫无必要的大尺寸图像文件会在编辑和传输时浪费很多时间。高分辨率的图像在保存时，应选择压缩比较小的保存方式，也可以选择不压缩的保存方式，此时所占用的存储空间就非常大。数字照相机的压缩比常用图像质量等级来表示，图像质量等级越高，表示压缩比越低，有些数字照相机用 HI（高质量）、FINE（精细）和 NORMAL（标准）三种质量模式，分别表示图像不压缩、图像按 1∶4 和 1∶8 的比例压缩。因此在具体设置图像质量时要把握以下原则：对图像的清晰度要求越低，选择的压缩比可以大些；如果用于网上传送照片采用“NORMAL”标准的格式设定即可；如果最终图片要打印出大幅面的高质量彩色照片，应尽量采用“HI”高质量的格式来设定，但设置在“HI”时应注意存储卡的大小，因为采用“HI”的设置时，一幅图像文件可达 6MB 左右，若采用 8MB 的存储卡仅能保存一张照片，另外采用“HI”设置的图片下载时间也明显长于其他图像质量设置的照片的下载时间。对于一般的使用者来说，采用“FINE”的图像质量设置就能达到满意的效果，因为按“FINE”设置的图像文件仅 400KB 左右，对图像的下载及存

储都比较灵活。

3. 在功能盘或菜单中设定好感光度

设定感光度有自动和手动两种模式，首选自动感光模式，如果效果不佳，则改为手动感光模式。

数字照相机大部分都有感光度设定的范围，设定在不同的感光度上，得到的画面效果是不同的。对于柯达数字芯片的数字单反照相机（DCS 系列），选择可用范围内的低感光度拍摄比用高感光度拍摄效果更好，而且是感光度越高效果越差，所以用数字照相机拍摄时应尽可能选用低感光度模式拍摄。

4. 从光学取景窗和显示屏中观察取景，选定拍摄对象

取景是摄影创意的第一步，它的优劣成败直接关系到摄影作品的成败和后续工作的简繁，在这个环节上数字照相机有其得天独厚的优势。大多数数字照相机除了具有与传统照相机一样的光学取景器外，还有一块可供显像用的 LCD 液晶显示屏，通常用的规格有 1.8 英寸、2.0 英寸和 2.5 英寸，以显示照相机内存储的图像和功能菜单，LCD 也可兼作取景器的功能，用以显示镜头内的景象以及照片帧数和日期。使用 LCD 显示器取景不需要把眼睛紧贴在照相机上，一些原本困难的取景工作变得十分轻松，比如在拥挤的场合拍照时，只要把照相机举过头顶，看着照相机后背的 LCD 显示取景即可，一些液晶屏可前后转动的照相机，可以拿在手里进行自拍。多数数字单反式照相机的取景方式与传统单反照相机相同，但部分数字照相机的取景范围比实拍范围大，这时就需要使用者有意识地将被摄主体置于实际拍摄指示框内，只有被摄主体处于摄影中心才会有较好的效果。LCD 液晶显示器既可以用于无视差的取景预览，又能随时进行照片回放，这是数字照相机与传统照相机相比的一大优势。

5. 利用自动模式调整白平衡，确保景物色彩的正常再现

数字照相机的白平衡操作分自动挡和手动挡两种。自动挡较为方便，一般的数字照片设定在自动挡上就可以获得合适的色彩，如果不满意，可改用手动模式来调整。手动调整更为精确，可以更符合当时光照的实际色温，如天气阴暗，光照偏青，设在“阴天”挡上拍摄，照片就消除青的偏色，可以获得图像色彩还原正常的作品。在摄影创作中有时会反其道而行之，有意识地利用色温的偏差异常，使画面产生某种偏色的特殊效果，这就是活用白平衡的技巧。

6. 利用自动调焦或手动调焦调准焦点，使画面中主体清晰

前文已经介绍过了数字照相机有手动调焦（MF）和自动调焦（AF）两种模式，常用的是自动调焦模式，尤其是轻便型数字照相机，几乎只设置了自动调焦模式，因为在实际拍摄中这种模式更为方便和快捷。自动调焦又好使又方便，但光照条件不好时，自动调焦就不能使用，必须使用手动调焦，虽然慢些，但还能工作。

7. 测光曝光，照相机自动测量和分析景物的亮度并控制确定画面曝光参数

数字照相机会自动测光并合理选择光圈和快门进行自动曝光，有时人们会采用光圈优先来控制景深大小，或采用快门优先来控制运动物体虚实的方式来进行拍摄，有时还会采用全手动方式进行拍摄。不论简易型还是单反型数字照相机，都有自动调焦和自动测光功能。从理论上讲，数字照相机应该能自动准确曝光，但实际不然，当光线太暗或太亮时就很难取得理想的影调效果。当发现某张照片曝光不足或过度时，应立刻删除并重拍，用数字照相机的曝光补偿功能增加曝光或减少曝光，使所拍摄的画面曝光适度。

数字照相机使用的另一问题是在拍摄时应如何握持照相机，不正确的握姿容易造成照相机的抖动，影响成像的质量。握持照相机的原则是“稳”，由于照相机有大小、轻重的差异，所以握姿也有所不同，如专业单反机体积较大，比较重，适合于双手握持拍照；轻便傻瓜机体积小，重量轻，适合于单手拿着，作轻松自由的多角度拍摄。轻便傻瓜机的握姿简单、方便，就不再作特别的说明。下面简单地介绍专业单反机、高档机的握持。

专业单反机、高档机的握姿有平握、竖握，也可以用立姿、蹲姿、跪姿和卧姿多种姿态握持照相机，如果没有经过长期的基本训练，最好不要单手悬空拍摄，拍摄时要做到以下几点。

(1)握姿要保证照相机平稳，防止拍摄时抖动。

拍照时应尽量依靠墙、树干、栏杆等固定物体进行拍摄，按下快门时力度要合适，不可太重。

(2)双手分工明确，各行其职。

右手管快门(兼控制调焦及操作功能盘)，左手托住照相机保持稳定(兼调整变焦)，竖拍时要将左手紧贴胸口托住机器，防止拍摄时抖动。

(3)左右眼互相配合。

右眼集中精力进行取景、调焦，左眼要用余光观察取景框以外的景物，发现新的拍摄目标，为后面的拍摄作好准备。

二、数字照相机的维护

数字照相机是一种既复杂又精密的仪器，只有精心妥善地保养，才能确保正常使用。爱护照相机是一件十分重要的工作，为了确保其功能的正常发挥和使用寿命，必须对照相机进行精心维护。在照相机的使用过程中，掌握一些数字照相机的维护知识，才能确保照相机经久耐用。

(1)平时我们要确保照相机各部件的清洁、干净，特别是要注意保持镜头的清洁，不要用手指触碰镜头表面，以免留下手印。摄影镜头落有灰尘时，不要用脱脂棉、手帕、面巾纸等擦拭，以防将镜片划伤，镜头表面灰尘较多时，可用橡皮吹气球吹掉。为了保护镜头，可在镜头前安装一片滤紫外线的 UV 保护镜，UV 保护镜既可滤除紫外线的干扰，又可使拍出的照片更加清晰。

(2)于摄影镜头,要防潮、防震、防碰撞、防摩擦、防雨淋、防日晒、防风沙、防温度骤变、防腐蚀气体侵袭,不拍摄时,应该随手盖上镜头盖,更换镜头时,对卸下的镜头应立即盖上后端保护盖。

(3)照相机不使用时,应把摄影镜头调焦环调至无限远,使镜头缩回。照相机和镜头应放在干燥的柜子内保存,较长时间内不使用的数字照相机,应卸去相机内的电池,防止电池漏液损坏照相机。

(4)数字照相机应远离强电场和强磁场,以免损坏照相机电路的自动程序。数字照相机的关键部件CCD或CMOS芯片、DSP芯片对电场和磁场非常敏感,长期处于强电场和强磁场中会影响这些部件的正常发挥,直接影响拍摄质量,甚至会导致照相机出现故障。

(5)插入/取出存储卡是使用数字照相机拍照的一个经常性的工作,在具体操作时,一定要注意关闭电源开关。插入/取出存储卡应注意用力方向,切忌向存储卡的左右两边用力,以免损坏卡口,另外用力大小要均匀,插入要到位。

(6)液晶显示屏的价格昂贵,又十分娇嫩,表面受到挤压或与硬物发生碰撞时很容易损坏,因此在使用的过程中需要特别注意保护。清洁液晶显示屏时不得用有机溶剂或清水冲洗,可以用软布等轻轻擦拭,最好贴上液晶显示屏的专用保护膜,在贴保护膜时要注意用力均匀,不能残留气泡,否则会影响观看效果。有些液晶显示屏的亮度会随着外部温度的下降而降低,这属于正常现象,当温度上升时,亮度又会自动恢复正常。

如果显示屏上有了划痕可以去维修部修复或者购买一种叫屏幕磨光剂的材料,一般在手机、摩托车维修店都可以买到。将屏幕磨光剂涂在显示屏的划伤处,用棉布反复摩擦,其中的细小物体便会对划痕进行填补,这种方式只对有光泽感的显示屏才有效。

(7)数字照相机耗电较大,常用镍镉或镍氢充电式电池。镍镉或镍氢电池比一般的碱性干电池容量大,可用时间长,又可反复充电多次使用。使用充电电池应注意掌握正确的充电方法,充电不当会导致电池寿命缩短,电量减少,甚至报废。

复 习 题

1. 数字照相机是如何工作的?它的工作原理与传统照相机有何区别?
2. 数字照相机的种类有哪几种?它们各自的特点是什么?
3. 请描述数字照相机的主要结构并说明它们的主要作用。
4. 取景系统有几种类型?它们各自的特点是什么?
5. 手动调焦方式有哪几种?如何准确调焦?请举例说明。
6. 自动调焦方式有哪几种?它们的主要区别是什么?如何正确使用?
7. 闪光灯的指数意味着什么?如何才能做到闪光同步?
8. 数字照相机的性能指标有哪些?其中哪些性能指标比较重要?
9. 如何正确选择数字照相机?数字照相机的使用和维护应注意哪些问题?

第三章 >>>

曝光与用光

影响摄影效果的因素有很多,曝光是最基本也是最重要的因素之一,未经曝光,感光器件无法记录被摄景物的影像,曝光正确才有可能取得最佳影像效果。曝光不正确,无论采用什么技术或方法进行补救,仍会在不同程度上损害影像的质量,或者说仍然无法取得最佳的影像效果。学会曝光并不难,但是要掌握曝光技术,提高曝光的准确率,并非一件容易的事,只有经过长期不懈的努力,才能真正掌握曝光控制技术,拍好每一张照片。

第一节　摄影曝光知识

摄影时,来自景物的光线由镜头会聚成像,使数字照相机中的感光器件感光形成影像,经过光电转换后,光信号变为电信号,再经过一系列的计算和处理后,模拟电信号转变为数字信号并保存,这就是数字照相机的曝光成像过程。

当我们拍摄一个景物时,不管使用自动照相机还是手动照相机,不管是使用胶片还是图像传感器等感光元件,都可以得到一张照片,但是照片效果如何,是否能准确地再现景物的原有质感、影调和色彩,就要根据情况具体分析了。

有经验的摄影者都清楚,曝光量控制得好与坏,直接影响到照片的效果。对于同样一个被摄对象,在同样的拍摄条件下,曝光量的微小差别都会对图像质量产生一定的影响,曝光不同,影像的质量就会有明显的差别。只有经过正确曝光,才能使感光器件发生有效作用,得到一张影像质量精美的照片。如果曝光时间长了或短了,都会损害它的有效成分,得到的就是各种各样的"失败照片"。一般情况下,照片曝光后不外乎有三种效果,即曝光正确、曝光过度和曝光不足。

曝光正确是取得高质量影像的先决条件,它能把景物的明暗差别控制在一个合理的范围内,这个范围正好是在感光器件所能接纳光能量的最小值和最大值之间,这时照片中景物各部分的亮度与实物完全相同,影纹、层次和色彩都非常清楚。

曝光过度是指照度过强或受光时间过长的照片,这时的曝光量超过了感光器件所能表现景物最高光能量的限度,使整个照片密度偏大,特别是在高光区,其密度没有差别,无法看出景物的细节和层次，色彩亮度较高但饱和度差，照片就像褪了色一样。

曝光不足是指照度过弱或受光时间过短，这时的曝光量达不到感光器件表现景物弱光细节的最低要求，使整个照片密度偏小，特别是在低光区，几乎成了透明状态，在密度上失去了差别，同样也无法看出景物的细节和层次，色彩不鲜艳，甚至没有色彩。

无论是曝光过度还是曝光不足，在照片中都无法看清楚景物的细节和层次以及色彩。只有曝光正确，才能够在照片中看清景物的细节和层次以及它们的色彩，也就是说只有曝光正确才能获得高质量的影像。

任何感光器件记录最明亮到最黑暗都有一定的范围，人眼所能看到的范围，远比影像传感器所能表现的范围要大得多，而影像传感器所能表现的明暗范围就是感光器件的感光宽容度。在逆光的条件下，人眼能看清背光的建筑物以及耀眼的天空云彩。而一旦拍摄出来，要么就是云彩颜色绚丽而建筑物变成了黑糊糊的剪影，要么就是建筑物色彩细节清楚而原本美丽的云彩却成了白色的一片。这就是说，在拍摄时，如果景物的亮度反差比较大，就有可能失去亮部或暗部的一部分细节。

宽容度是指感光器件所能记录景物的亮度范围，即感光器件记录景物的最大亮度与最小亮度之间的间隔大小。

小知识：各种感光材料和器件的感光宽容度值

黑白感光胶片的宽容度为1∶128，黑白感光相纸的宽容度为1∶30，彩色感光胶片的宽容度为1∶64，彩色感光反转片的宽容度为1∶32，数字照相机感光器件的宽容度为1∶32。由此可见数字摄影的宽容度的值比传统黑白摄影的宽容度的值要小许多。

第二节　曝光量的构成

由上述内容可以看出，曝光量的多少对画面影像的质量好坏至关重要。当我们用数字照相机拍摄时，影像的曝光量由外部光线的强弱和影像传感器的感光度来决定，曝光的正确与否取决于拍摄时的照度以及曝光时间。照相机是通过光圈和快门来分别控制光照度和曝光时间，因此，决定曝光量的因素有光圈、快门、感光器件的感光度和外界光线条件。

一、光圈

光圈具有控制曝光量、控制景深和影响成像质量三方面的作用，其中控制曝光量是光圈最主要的作用。在被摄物亮度一定的条件下，光圈越大，通光量就越大，影像传感器所得到的曝光量就越大；光圈越小，通光量越少，影像传感器所得到的曝光量就越少。

调节光圈的孔径可以有效地控制曝光量。光圈的调节有两种方式：一种是光圈系数刻在镜头光圈调节环上，拍摄时转动光圈调节环，使需要的光圈系数值与镜头上的基线对齐，并且可以将光圈各挡位之间的任何位置与基线对齐，使用光圈挡位的 1/2 或 1/3。另一种是在照相机机身上，在取景器菜单设置后，通过电路手动或自动控制镜头中光圈孔径的大小。

数字单反照相机一般是在未按快门释放按钮时，无论光圈系数是哪一挡，光圈孔径都是开到最大，这样便于取景、聚焦、测光时有足够的照度，但是在按下快门按钮曝光时，光圈孔径才收缩到所选定光圈系数对应的大小，曝光结束后，光圈孔径又开到最大。这种方式通常称为预置式光圈。

二、快门

快门是控制拍摄曝光时间的装置，通常由快门按钮控制，快门开启，光线就可到达照相机内部的影像传感器上，快门启闭的过程，就是拍摄曝光的过程。照相机是利用快门开启时间的长短控制曝光时间，快门愈快，曝光时间愈短；快门愈慢，曝光时间愈长。

1. 快门速度

快门速度是数字照相机快门的重要参数，快门速度值一般为 1，2，4，8，16，30，60，125，250，500，1000，2000，4000，8000 等，这些快门速度分别表示快门开启时间为 1s，1/2s，1/4s，1/8s，…，1/8000s，即所标示的快门速度表示实际快门开启时间（单位为 s）的倒数，快门速度值越大，快门开启时间越短，照相机档次越高，快门速度挡位越多，适合拍摄的范围越广。

有的数字照相机还有 B 挡、T 挡快门，它们都是提供长时间曝光使用的。

“T”在英文里是“永久开放”的缩写，我们称为“T 门”，它常常用来拍摄夜景、光线特别弱的景物，或一些其他特殊情况的景物，当遇到曝光时间需要 1s 以上，甚至几分钟或几十分钟时，就需要使用 T 门了。T 门的使用方法是，先用三脚架把照相机固定起来，然后根据所拍景物，取好景，调好焦距，在需要拍摄时，将快门钮按下，快门开启，随即开始计算曝光时间，当曝光时间足够时，再按一下快门钮，快门关闭。

“B”在英文里为“暂时开放”的缩写，我们称为“B 门”。B 门和 T 门的作用一样，是供拍摄曝光时间需要 1s 以上的景物时使用。所不同的是操作时一旦将快门钮按下，快门便开启了，但是不能松手，曝光时间足够了才将手松开，快门随即关闭。由于不能松手，因此，拍摄时间不宜过长，如果时间过长，就不如使用 T 门了。

B 挡、T 挡快门的功能，可以自由确定曝光时间的长短，拍摄弹性更高，不过目前大多数的低档数字照相机都没有这一功能，普通数字照相机的快门大多在 1/8～1/1000s 之内，基本上可以应付大多数的日常拍摄。快门不单要看“快”还要看“慢”，比如有的数字照相机最长具有 16s 的快门，用来拍夜景足够了，然而快门开启时间太长也会增加数字照片的“噪点”，就是照片中会出现杂条纹。另外数字照相机对振动是很敏感的，在曝光过程中即使轻微地晃动照相机也会使照片模糊，在使用长焦距镜头时这种情况更为明显，因此选择较快的快门速度可以避免照片模糊。

2. 快门的使用

数字照相机有一个两段式快门释放按钮，当半按快门释放按钮时，照相机设定对焦和曝光，持续半按下快门，锁定对焦和曝光，若要释放快门必须完全按下快门。

三、感光度

感光器件的感光度也就是数字照相机的感光度。感光度代表了感光器件对光线的敏感程度。不同的照相机采用了不同的感光器件，对光线的敏感程度也不同。感光度的值决定了拍摄时所需曝光量的多少，感光度的数值越高，表示感光器件对光线越敏感，拍摄时所需的曝光量就越小，因此，在同样光线的条件下，如果感光器件的感光度不同，就必须相应地调节光圈系数和快门速度进行适当的组合，才能达到正确曝光的目的。

1. 感光度的表示方法

数字照相机的感光度沿用胶卷感光度的表示方法，用国际标准的感光度（ISO）表示分别为 ISO100、ISO200、ISO400、ISO800、ISO1600、ISO3200 等，ISO 数值越大，表示感光器件对光线越敏感，需要的曝光量就越少，ISO 数值提高几倍，所需曝光量就减为几分之一。比如，ISO800 拍摄时所需曝光量为 ISO100 曝光量的 1/8。

2. 感光度对曝光的影响

ISO 数值的大小，会对曝光产生一定的影响。ISO 数值越高，感光器件能够按比例记录被摄物体明暗范围就越大，也就是宽容度越大。ISO 数值越高，反差系数越小，反差系数就是影像反差/景物反差。ISO 数值越高，噪点就越多，噪点直接影响数字照片放大后的效果，噪点越少照片放大后，画面质量就越优秀。

四、光线条件

摄影离不开光源的照明，光源的强度是影响摄影曝光的另一个重要因素。在室外拍摄时，所采用的光源是自然光，其光源的强度随天气、时间、季节而发生变化，我们可以根据光线变化的规律，选择适当的曝光量。

1. 天气的变化

在摄影实践中，天气的变化一般被划分为四种类型。

晴天：天空晴朗，阳光普照，景物阴阳分明，投影浓黑清晰。在这种情况下，光源的强度最大，物体表面的照度比较强，反差较大。一般以此条件作为标准天气，可按基本曝光量曝光。

薄云天：太阳被薄云遮住后发生散射，光线柔和，天空似阴非阴，景物表面阴阳差别较小，投影浅淡模糊。此时的天空还是比较明亮，光线比晴天的光线弱一半左右，曝光量应比基本曝光量增加 1 挡。

阴天:太阳被极厚的云层遮住后产生漫散射,景物阴阳差别不明显,地面景物没有阴影。这时天空比较暗,光线比晴天的光线弱 2/3 左右,曝光量应比基本曝光量增加 2 挡。

乌云天:乌云密集,天昏地暗,景物无阴阳差别,也无投影。这时光线非常弱,其光线比晴天的光线弱 80%,不适宜拍照,如一定要拍摄,应加入辅助光照明。

春秋两季晴天的基本曝光量为 $f/11$、1/125s,薄云天 $f/8$、1/125s,阴天 $f/5.6$、1/125s,乌云天 $f/4$、1/125s。要注意的是,如果晴天有白云,而且白云没有遮住太阳,此时的光线强度比无云时还要强,应减少半挡曝光量,因为白云增加了太阳的反射光。

2. 时间的变化

就一天的时间而言,早晨、傍晚和中午的光线强弱差别非常大,早晨至中午的光线逐步加强,下午的光线逐步减弱。在这个变化过程中,色温的高低对曝光也有一定的影响,早、晚色温低,光线相应弱一些,中午左右色温高,光线相对强一些,一日之内的光线计算标准一般以日出后、日落前 3 小时为界,夏季是上午 9 时至下午 3 时左右,光线较强,太阳出来后半小时和太阳落平前半小时的光线,约为中午强光线的 1/10,太阳出来后 1 小时或太阳落平前 1 小时的光线,约为中午光线的 1/4,太阳出来后 2 小时或太阳落平前 2 小时的光线,约为中午光线的 1/2。不同的季节内一天的光线强弱也有不同,可以参照前面介绍的方法,选择合适的曝光量。

3. 季节的变化

一年四季分为春、夏、秋、冬,各季的光线强弱均不相同。由于地球围绕太阳旋转时所处的位置不同,太阳照在地球上的光线,有直射和斜射之分,于是光的强弱也有很大的区别。一般来说,夏季的光线是直射光,光线的强度最大,冬季的光线是斜射光,光线的强度最弱,春、秋两季光线的强度介于夏、冬两季之间。根据测试,一般夏季较春、秋两季强 1 倍,应减少 1 挡曝光量,冬季较春秋两季弱一半,应增加 1 挡曝光量。

春、秋两季的基本曝光量为 $f/11$、1/125s,则冬季应为 $f/8$、1/125s,夏季应为 $f/16$、1/125s。需要注意的是,如果冬季下雪后,白雪覆盖大地,此时的光线强度与夏季相当,不但不应增加曝光量,反而要减少一挡曝光量,因为白雪增加了太阳的反射光,所以冬季大雪天应采用 $f/16$、1/125s 的曝光量。

4. 光源的变化

在同一个时间段里,光源投射到被摄物体上的方向不同,其光线强弱也不相同。以摄影用光的习惯分为:顺光则光强,逆光则光弱,侧光光线的强弱介于顺、逆光之间。顺光比逆光的光线强约 4 倍,比侧光的光线强约 2 倍,了解了这一特点对选择曝光参数是非常重要的。

五、曝光量的组成

1. EV 值

曝光量是根据被摄物的光线情况以及感光器的感光度，由光圈系数和快门速度共同控制的，相同的曝光量可以由一系列不同的光圈系数与快门速度进行组合。为了描述方便，我们用 EV 值(exposure value)加以简单表示。EV 值是曝光量的值。EV 值和光圈系数、快门速度的关系可用一公式表示为：

$$EV=3.321\lg\frac{f^2}{t} \tag{3-1}$$

式中：f 为光圈系数，t 为快门速度，3.321lg 表示以 10 为底的对数换成以 2 为底的对数差 3.321 倍。

例如：光圈为 $f/4$、快门速度为 1/60s 时的曝光组合的 EV 值为：

$$EV=3.321\lg\frac{4^2}{\frac{1}{60}}=3.321\lg(16\times60)=10 \tag{3-2}$$

同样可以求得光圈为 $f/5.6$、快门速度为 1/30s，光圈为 $f/2.8$、快门速度为 1/125s，光圈为 $f/8$、快门速度为 1/15s 的曝光组合的 EV 值也是 10。也就是说，EV 值相同，曝光量也就相同。表 3-1 列出了不同的快门速度和光圈系数所对应的 EV 值。

表 3-1 不同的快门速度和光圈系数所对应的 EV 值

t \ f	1	1.4	2	2.8	4	5.6	8	11	16	22	32
1	0	1	2	3	4	5	6	7	8	9	10
1/2	1	2	3	4	5	6	7	8	9	10	11
1/4	2	3	4	5	6	7	8	9	10	11	12
1/8	3	4	5	6	7	8	9	10	11	12	13
1/16	4	5	6	7	8	9	10	11	12	13	14
1/30	5	6	7	8	9	10	11	12	13	14	15
1/60	6	7	8	9	10	11	12	13	14	15	16
1/125	7	8	9	10	11	12	13	14	15	16	17
1/250	8	9	10	11	12	13	14	15	16	17	18
1/500	9	10	11	12	13	14	15	16	17	18	19
1/1000	10	11	12	13	14	15	16	17	18	19	20
1/2000	11	12	13	14	15	16	17	18	19	20	21
1/4000	12	13	14	15	16	17	18	19	20	21	22
1/8000	13	14	15	16	17	18	19	20	21	22	23

通过 EV 值表可以很方便地找到同一曝光量的不同曝光组合。EV 值相差 1,则曝光量相差一级,它表示我们可以改变一级光圈系数或改变一级快门速度来实现。EV 值也可以用来表示照相机的一些技术指标,以及表明照相机测光表的测光范围。大多数测光表也以 EV 值来显示所测得的亮度或照度。

2. 倒易律

要使画面得到准确曝光,需要适当的时间让一定量的光线照射到传感器上,这就要求光圈、快门及感光度三方面的合理组合。在光线不变的情况下,曝光量取决于光圈系数和快门速度的数值。光圈系数和快门速度在控制曝光量方面有配合与制约的作用。控制曝光量时,可以根据不同的需求来选择光圈系数与快门速度,在选定一组合适的光圈与快门后就可进行准确曝光。每种光圈与快门的组合体现在影像传感器上的影调层次、色调还原是一样的,不同的是光圈的大小形成不同的景深,快门速度的快慢体现动体影像不同的动感。

例如:景物反射的光线通过照相机镜头到达感光器件时,它的总照度为 10lux(lux 为计算照度的单位),为使感光器件的曝光合适,需 10lux 的光在感光器件上停留 2s,如果只允许曝光 1s,那么,它的总照度就必须加强至 20lux,倘若再缩小曝光时间为 1/2s,其总照度一定要加强到 40lux。因为曝光量=光的强度×光在感光片上停留的时间,即10lux×2s,20lux×1s,40lux×1/2s,其曝光量均为 20。由此可以看出,加大了光的总照度,光在感光器件上停留的时间就要相应缩短;光的总照度减小了,光在感光器件上停留的时间就要相应增加,我们把这个规律称为“倒易律”。

倒易律从理论上讲无疑是正确的,但在拍摄的实践中,往往会因为曝光速度太快,还会出现某些偏差,我们将这种现象称为“倒易律的减退”,这是我们必须弄明白的,否则在拍摄过程中出现了误差还找不到失败的原因。例如我们拍两张照片,第一张总照度为 1lux,用 1s 时间拍摄,第二张总照度为 1000lux,按理应该用 1/1000s 的时间来拍摄,两张照片应该有同样的效果。结果发现,前者的反差和密度都要比后者大,这就是倒易律减退所产生的误差,曝光速度愈快,这种误差会愈大,有时甚至会影响到感光器件的成像。产生这种现象的主要原因是感光器件有一种惰性,光线一闪即逝,还没有使感光器件产生反应,光线就已经消失了,它不能使感光器件得到充分的曝光,特别是数字照相机的感光器件还存在一个数据读取和存储的时间。由于这种原因,在使用高速快门拍摄时,应适当加大光圈来补偿这种时间的损失。

第三节　手动曝光

早期的传统照相机都是采用手动曝光模式,它需要摄影者手动调整曝光参数来控制曝光量,常常可以得到效果理想的照片。如大光圈可以得到景深较浅的人物照,它有利于突出主题；高速快门可以使运动物体凝固，充分展现运动员的优美姿态；低速快门可以感觉水在流动；等等。用自动曝光往往得不到如此之多的艺术效果。还有像高调、低调、宽幅需要拼接以及特殊光线下的照片，必须通过手动曝光模式才能得到比较理想的效果。所以专业摄影师更愿意采用手动来控制曝光，因为这样才能发挥他们的聪明才智，用丰富的想象力，拍摄出质量更好、艺术水准更高的照片。在科学技术不断发展，自动曝光模式的照相机得到广泛普及的今天，手动曝光模式仍在高级照相机中得以保留就是出于这些原因。

手动曝光模式在数字照相机中常用英文字母“M”来表示，在这种模式下，摄影者应对光圈系数和快门速度作预先设定，在拍摄中可以根据照相机的测光值来确定曝光量，高于测光值取得白亮的效果，低于测光值取得更深沉的效果。

一、设置感光度

测光之前应在照相机上首先设置感光度，先用照相机的测光系统确定拍摄时需要多少曝光量，然后根据曝光量的值合理选择光圈系数和快门速度。传统照相机是将照相机上的感光度指示调至与所装胶卷的感光度一致即可，数字照相机则只要在可用感光度范围内将感光度设置到合适的数值上即可，通常设置于可用的最低值或较低值为好。

二、预设曝光组合

在手动模式下，各种曝光参数均要摄影者根据自己的需要预先设定，光圈系数和快门速度这两项中应首先考虑和确定哪一项呢？通常我们可以根据拍摄的要求和以往的经验来考虑。

(1)手持照相机拍摄时，应优先选择较高的快门速度，一般不要低于 1/30s。

(2)拍摄运动物体时，应优先确定快门速度，一般应使用较快的快门速度，这时能在画面上得到清晰凝固的运动影像。

(3)对于拍摄景深有特殊要求时，应优先确定光圈系数。

(4)拍摄清晰度非常高的画面时，通常优先选择适中的光圈系数，即利用最佳光圈拍摄。每个摄影镜头都有一个最佳光圈值，一般是最大光圈的下两挡的位置，如一个镜头的最大光圈是 $f/2.8$，那么镜头的最佳光圈应该是 $f/5.6$ 或 $f/8$。

手动曝光的关键是无论在什么条件下进行拍摄，摄影者均可灵活应用各种曝光参数，使数字照相机的影像传感器得到合适的曝光量。

第四节　测光原理和测光方法

数字照相机绝大多数自带有测光系统，这对确定各种光线下的曝光量以及获取准确的曝光效果提供了极大的便利，但是无论是依赖照相机的测光系统进行自动曝光，还是依赖测光表的读数去调定曝光量,你都会发现在三种情况下常常会发生曝光效果不佳的现象,一是逆光拍摄,二是有大面积明亮背景的拍摄,三是有大面积深暗背景的拍摄。要使你的照相机自动曝光系统免遭失败,要想使你的照相机测光读数更好地为你的拍摄意图服务,你就不能盲从测光读数,而需要了解测光系统的测光原理和它们的性能。照相机的测光系统几乎都是属于反射式测光,掌握反射式测光原理是成功地运用照相机测光系统的要领。

一、反射式测光原理

反射式测光就是测量被摄对象的反射光亮度,它的原理就是“以 18%的中灰色调再现测光亮度”。

测光系统是针对“通常的被摄物体”而设计的,是指被摄对象中的亮色调、暗色调以及中间色调混合起来而产生的一种反射率为 18%的中灰色调。测光系统的设计都是以这种 18%的中灰色调的亮度为再现目的,不管你把测光系统对准什么色调的物体进行测光,它总是“认为”被摄对象是中灰色调,并提供再现中灰色调的曝光数据。这就告诉我们,测光系统是没有视觉的。你把它对准白色物体,它不能感觉该物体是白色的,应该再现为白色;你把它对准黑色物体,它也不能感觉该物体是黑色的,应该再现为黑色。

测光系统所能做的只是指出测光对象的亮度有多大,然后告诉你把这种测光亮度再现为 18%的中灰色调需要怎样的曝光组合。也就是说,不管你把测光系统对准什么色调的被摄体,它总是“认为”被摄体是中灰色调的,因此当你的测光对象是深暗色调时,按测光读数去曝光,就会曝光过度了。因为测光系统只是“感到”亮度较小(在同样光线条件下,暗色调的反射光量要小些),于是,它指出需要使用较大的光圈或较慢的快门速度(即较大的曝光组合)来把测光对象再现为 18%的中灰色调。然而,该景物实际应该再现为暗色调,而不应使其亮度提高为中灰色调。反之,当测光对象是亮色调时,按测光读数曝光,又会导致曝光不足了。因为,这时测光系统只是“感到”亮度较大(在同样光线条件下,亮色调的反射光量要大些),于是它指出需要较小的光圈或较快的快门速度(即较小的曝光组合)来把测光对象再现为 18%的中灰色调。然而,该景物实际应该再现为亮色调,而不应使其亮度降低为中灰色调。所以在这两种情况下,按测光系统指示的曝光数据去执行会带来偏差。

只有当测光对象是 18%反射率的中灰色调(包括测光范围内各种景物的综合亮度是 18%的中灰色调)时,按测光读数推荐的曝光组合能产生准确的曝光量,这种曝光量能最大限度地表现景物的各种亮度和层次,对大多数被摄物体来说都能取得良好的曝光效果。弄懂上述反射式测光原理,对于用好照相机的测光系统以及独立式测光表都是十分重要的。

二、测光方法

使用照相机的测光系统时,不仅要“找准被测对象”,而且还应了解照相机是怎样进行测光的。照相机测光系统的测光方法主要有平均测光、中央重点测光、部分测光、点测光和多点测光，了解你的照相机是采用哪种测光方法，是用好照相机测光系统的基础。照相机使用说明书通常都为你指明了它的测光方法和性能特点，应注意查阅。

1. 平均测光

平均测光是测定被摄体的综合亮度，即把较大范围内的各种景物的亮度综合，取其平均亮度值，作为推荐曝光量或进行自动曝光的依据。在单镜头反光式照相机上，平均测光就是测量取景画面内全部景物的平均亮度，当这种平均亮度等于18%的中灰色调时，平均测光就能取得良好的曝光效果，但当画面出现大面积过亮或过暗的背景时，平均测光法就会导致明显的偏差，有时甚至是出现严重的曝光不足或曝光过度。

2. 中央重点测光

中央重点测光的测光区域偏重画面中央，其余画面给予平均测光，所以又称“偏重中央测光”，它的测光读数是以取景画面中央（或中央偏下）某一面积的被摄物体的亮度为主，其余部分景物的亮度为辅进行测光。了解照相机中央测光是偏重中央什么位置十分重要，以便你在测光时有意识地使偏重区域对准中灰色调的景物，该模式比较适用于拍摄特写花卉、半身人像、产品广告等静止物体。测光时中央面积的大小，因照相机不同而异，一般约占全画面的20%～30%，大多数摄影者都会在拍摄时将主体安排在画面中心部位。这是一种比较实用的测光方法，适合的对象也比较广。如果要将主体偏向一侧，或者中间亮度在整个画面中明显偏亮、偏暗，不具代表性亮度时，就不宜使用该模式了。

单镜头反光式照相机的测光系统多数属于中央重点测光，它受过亮或过暗背景的影响要小于平均测光，而准确性通常又大于平均测光。

3. 部分测光与点测光

部分测光（又称局部测光或区域测光）和点测光都是以测量画面中央很小一部分的景物亮度，作为测光的读数和自动曝光的依据，这种很小的区域又有相对大些和小些的区分。大些的面积占整个画面10%左右，称为部分测光；小些的面积占整个画面3%左右，称为点测光。如“佳能EOS－1”照相机采用部分测光时，测光区域占整个画面的5.8%；采用点测光时，测光区域占整个画面的2.3%。

部分测光和点测光不受画面其他景物亮度的影响，只要把极小的测光区域对准景物中的18%的中灰色调，就能获取准确的曝光数据。由于这种测光的范围极小，所以使用时也需要格外小心，一旦把测光区域对向景物的高光部位或深暗部位，就会导致明显的曝光不足或曝光过度。

部分测光和点测光的主要优点是当你在远离被摄体的情况下，也能准确地选择局部测光，满足曝光需要，这对那些无法靠近的被摄物体的拍摄，具有显著的优越性。此外，部分测光和点测光也便于采用“亮部优先法”与“暗部优先法”的测光技巧。

4. 多点测光

多点测光是一种高级测光系统，又称为“多区域评估测光”，它是模拟日常拍摄时的典型光线环境进行判断的，将整个画面分割成许多小的区域分别进行测光，然后再综合计算出平均值，得出最佳曝光量。不同照相机测光区域的形状和划分区域的方式不同，则测出的结果也会有所不同。将测出的数据输入照相机内部的微型电脑中，由电脑进行运算，得出准确的自动曝光数据。一般照相机的电脑在制造时已根据一万多种不同的光线条件，设定了“偏重中央测光”、“高辉度测光”、“低辉度测光”和“平均测光”四种运算模式，拍摄时，照相机的电脑会根据各个测光点测出的光值情况，选择一种运算模式，然后提供相应的自动曝光参数。如在取景画面中包括了太阳或其他强光源时，照相机电脑会对这一区域极高的测光读数置之不顾，采用“高辉度测光”的运算模式来确保其他景物的准确曝光。又如，当画面背景极黑暗时，照相机电脑又会采用“低辉度测光”运算模式，以防止主体曝光过度。这种“多点测光”也被称为“智能化的测光系统”和“会思考的测光系统”，它的主要优点是对各种光线条件下的自动曝光效果都较好。

三、测光时应注意的问题

1. 正确使用“点测光”

在上述几种测光方式中，“点测光”是一种比较难以掌握的测光方法，但却是摄影创作的一个最佳的测光模式。它的特点是完全不考虑被摄对象其他部位的亮度，只分析测光点的光线情况，这就需要摄影者明确什么样的“点”是主要表现对象，应该被还原为何种亮度，若选择的“点”亮度过低，则会曝光过度；若选择的“点”亮度过高，则会曝光不足。使用该模式主要是凭摄影者的实践经验来把握，对初学者来说有点难度，但掌握好该模式，摄影者就可拍摄出一些非常优秀的摄影作品。

拍摄较亮或较暗的特殊对象时，使用点测光模式可以保证被摄对象影调还原正确。这时照相机的测光装置只对画面中相当小的范围内进行测光，而不受其他区域亮度的影响，这就要求摄影者具有比较丰富的摄影经验，要能够辨别画面中哪些部位的亮度符合18％的反光率，要具备选择典型亮度的能力，选择部位不当，容易导致曝光不准。

2. 测光要选择合适的对象

测光时要根据具体情况作出具体分析，拍摄近景时，要防止黑色物体以及比较黑暗部位的影响而导致的曝光过度；拍摄远景时，要防止因为天空亮度过高，或者江河湖海水面亮度过大的影响而导致曝光不足。很显然，曝光不足会损失一些阴暗处的细节和层次，而曝光过度会出现高光部分的层次和细节缺失。

拍摄任何内容的照片，都应将主要表现对象作为主体，一般暗主体要配亮背景，亮主体要配暗背景，这是一种常用的摄影表现手法，因为主体与背景有一定的反差时，主体才显得比较突出。在测光时为了保证主体曝光准确，有利于提高两者之间的反差，我们通常会在测光时尽可能将主体充满照相机的取景框，至少要充满照相机的测光区域，这样才能使主体曝光准确。

3. 使用替代物测光

在拍摄比较复杂的对象时，为了得到合适的曝光量，常常会采用替代测光的方式，即在同样光照条件下，寻找合适的替代物测光，如洋灰地、浅色牛皮纸、红砖墙或者人的手背等作为曝光参考物，因为这些东西在黑白照片中呈现中灰色调，相当于18%的反光率。实践证明，用这种替代物测光方法拍摄出来的照片都能较好地表现出应有的影调和层次。

4. 测光时要注意图像的基本影调

图像有不同的影调之分，有的是高调（主要为白色或浅色调），有的是低调（主要为黑色或深色调），在测光时要区别对待。不同影调的图像对测光的要求不同，高调效果主要表现出浅色调中的层次，要避免曝光不足；低调效果主要表现出深色调中的层次，要防止曝光过度。

5. 初学者的常用模式

尽管数字照相机有多种测光模式，但有些模式在使用时需要摄影者有一定的摄影知识，需要对照相机的测光原理有比较明确的了解。对一般缺乏经验的初学者来说，建议拍摄时多使用"多点测光"模式，它能够根据主体与背景的亮度全面均衡，提供比较适度的曝光值，属于比较省事也比较可靠的"傻瓜"模式，如主体在画面中间，且所占比例较大时，可选择"中央重点测光"模式，这样得到的曝光量会更加准确。

第五节　自动曝光的控制模式

曝光自动化已成为数字照相机曝光操作方法的主流，无论是业余轻便型的数字照相机，还是专业单反型的数字照相机，都提供了多种自动曝光的模式，供不同的摄影者及不同的需求选择使用。了解现代照相机上常见的自动曝光模式的内容，是掌握照相机曝光技术的重要实用基础知识。

照相机自动曝光模式可以归纳为三大类，即全自动场景曝光模式、自动曝光模式和曝光补偿模式。

一、全自动场景曝光模式

全自动场景曝光模式又称为"图标曝光模式"，它将每类拍摄题材抽象为一种拍摄模式，并用相应的图标与之对应。当拍摄某一题材时，只要选择相应的图标，即可启动对应的程序进行自动拍摄。常见的全自动场景曝光模式有六种，即自动、人像、风景、运动、微距和夜景模式。

1. 自动模式(常用"Auto"标记)

自动模式也称全自动曝光模式。在选择这个模式之后,光圈、快门、白平衡、感光度的值都由照相机自动选择设置,在环境光线不足时照相机会提示或自动打开闪光灯,这种模式在操作上最简单,并且适于拍摄多种题材。在自动模式下,除了光圈、快门、白平衡、感光度的值不能调节外,照相机上的自动曝光补偿功能也不能使用,但拍摄者可以调节闪光模式(自动闪光或强制闪光等)、连续或单张拍摄模式、图像大小等参数。

2. 人像模式(常用"人的头像"作标记)

人像模式又称"肖像模式",是专用于人物肖像拍摄的模式。人像模式采用大光圈和高速快门组合,得到小景深的人像效果,此时清晰的人物与虚糊的背景形成鲜明的对比,使人物形象更加突出。有些照相机还会提供强化人物肤色效果的色调和对比度修改程序,以突出人物主体,柔化背景的效果。如果使用闪光灯,应该选择防红眼闪光模式。在使用人像模式时,照相机在图像的"锐化"中会自动选择"柔和"方式,如果希望人物与背景都清晰时,如有纪念意义的留影、合影等不宜使用此拍摄模式。

3. 风景模式(常用"山脉"作标记)

风景模式适用于拍摄轮廓分明、颜色鲜艳的风景照片,以增加被摄对象的轮廓、色彩或对比度,还适用于宽广景物和较大场面物体的拍摄。使用风景模式,照相机将自动选择较小的光圈和远距离调焦(产生较大的景深),以确保照片中前后景物的清晰度,使画面具有一定的纵深感。这一模式尤其适合拍摄深远辽阔、一望无际的自然景色。拍摄带有人物的风景纪念照时也常常使用。

在使用风景模式时,照相机的内置闪光灯和自动对焦辅助照明器将自动关闭,在图像的"锐化"中会自动选择"锐利"方式。

4. 运动模式(常用"运动人物"作标记)

运动模式适用于捕捉快速移动物体的瞬间动态。在该模式下照相机会自动选择高速快门,自动调配大光圈和较高感光度,以便将运动物体定格下来,使所拍摄画面上的物体保持清晰。有些较高级的照相机在运动模式下,还具有连续调焦功能和优先使用较高感光度的功能。在半按下快门释放按钮时,照相机将对位于中央调焦区域内的拍摄对象连续调焦。内置闪光灯和自动对焦辅助照明器将会自动关闭。照相机在图像的"锐化"中会自动选择"锐利"方式。

5. 微距模式(常用"一朵小花"作标记)

微距模式是用来拍摄近距离的微小物体,如花卉、昆虫、精致小物品的特写等。在这一模式下,照相机与被摄主体的拍摄距离一般较短,光圈也会被设置到孔径较大的数值上,快门的速度较快,使主体突出,背景虚糊。需要注意照相机说明书中标明的最近调焦距离,超过此距离,照相机将无法准确对焦,有的照相机在进行微距拍摄时需要将焦距设置在长焦端进行聚焦，有的则需要将焦距设置在短焦端进行聚焦，操作时应按要求做。

6. 夜景模式（常用“人像加一颗星”作标记）

夜景模式用于拍摄夜间人物近景。照相机会选择大光圈与慢速快门的曝光组合，闪光灯会自动闪亮，确保人物的光照充足。由于该模式选择了慢速快门，也就有利于背景的灯光和建筑物等效果的再现。选择夜景模式拍摄时，尽可能将照相机置于稳定的支撑物上，以有利背景物的成像。

上面介绍的六种全自动场景曝光模式主要适合于摄影初学者使用。下面再介绍三种自动曝光模式，主要适合于有一定摄影基础的摄影者使用。

二、自动曝光模式

自动曝光模式有三种，分别是光圈优先式自动曝光、快门优先式自动曝光、程序式自动曝光。

1. 光圈优先式自动曝光（常用“A”或“AV”作标记）。

光圈优先式自动曝光又称“光圈先决式自动曝光”。这种曝光模式需要摄影者手动调节光圈的大小，照相机在曝光时会自动调节快门速度，即光圈手动，快门速度自动，是一种半自动的曝光模式。在这种模式下，摄影者具有优先选择光圈大小的主动权，在需要优先考虑景深效果的作品中通常会采用这种方式来进行拍摄。

这种曝光模式特别适合于快速拍摄人像和风光等题材时使用，它可以很好地控制画面中景深区域的大小，制造出画面中的清晰与模糊的比较效果。拍摄人像时，选用大光圈能让人脸更清晰，背景变模糊，使人物更加突出；拍摄风景时，选用小光圈能有效地控制景深，使景物的清晰度增强。

使用光圈优先式自动曝光时，要注意观察照相机自动控制所显示的快门速度，尤其是在室内或室外弱光下进行拍摄时，以防快门速度过慢而导致影像虚糊的现象。当出现快门速度显示在 1/30s 以下时，应考虑重新调节光圈，开大 1～2 挡，或把照相机置于稳定的物体上拍摄，通常把照相机快门按钮轻轻按下一半时，取景框内即能显示自动调定的快门速度。

有些高级照相机还会细分出一种“景深优先式自动曝光”模式，这种模式是一种全自动曝光模式。它与光圈优先的区别在于操作方法以及控制景深的精度上有所不同，景深优先式自动曝光在不同照相机上的操作方式不同，在这里就不多说了。

2. 快门优先式自动曝光（常用“S”或“TV”作标记）

快门优先式自动曝光又称“快门先决式自动曝光”。这种曝光模式需要摄影者手动调节快门速度，照相机在曝光时会自动调节光圈的大小，即快门速度手动，光圈大小自动，它也是一种半自动的曝光模式。在这种模式下，摄影者具有优先选择快门速度的主动权，因而在需要优先考虑快门速度的作品中会常常采用这种方式来进行拍摄。如在运动摄影中，当你想用 1/30s 进行追随拍摄时，选用这一模式就显得较为主动。

使用快门优先式自动曝光时，要注意观察照相机自动控制所显示的光圈系数。通常按下快门钮一半时，照相机取景框内便有这种数据的显示。如果发现显示的光圈大小不适合你的拍摄时，你可以重新调节快门速度，直至出现你所需要的光圈大小即可。当然，这时也应该注意快门速度是否合适，尤其是谨防快门速度过慢导致无法保证照相机稳定的情况出现。

这种快门优先式自动曝光模式在体育摄影、新闻摄影和拍摄运动物体等题材时十分适用，摄影者可根据物体运动的快慢，手动调节好快门速度，充分利用快门速度的虚化或模糊特性，对变幻莫测和不断运动的物体进行现场拍摄，并可选用高速度快门来保证影像的清晰。

3. 程序式自动曝光(常用“P”作标记)

程序式自动曝光是指曝光时的光圈大小和快门速度都是由照相机按一定程序设计，自动操作，摄影者不必也无法自由选择光圈大小和快门速度。从某种意义上说，上面介绍的六种全自动场景模式就是程序式自动曝光模式的细分，它们和“P”模式的主要区别是：采用 P 模式曝光时，摄影者可以进行自动曝光补偿的调节和白平衡与感光度的调整，而全自动场景模式对这些都是无法手动的，均由照相机自动调节，摄影者无法自主选择。

三、曝光补偿模式

不论是程序式自动曝光还是光圈优先式自动曝光或是快门优先式自动曝光，因为具有自动操作的优点，所以是人们喜爱和使用较多的曝光方式，但这几种自动或半自动曝光模式在面对浅亮、深暗和明暗不均的被摄对象时，都可能出现曝光失误，常常会曝光过度或曝光不足，因此需要进行曝光调整。

为了快速解决自动曝光模式的误差，数字照相机上专门设计有补救装置——曝光补偿装置，它可以在±2 挡范围内增减曝光量，以便获得精确满意的影像效果。曝光补偿装置是在照相机上让摄影者对曝光量进行修正或调整的装置，中高档照相机上都有这一装置。曝光补偿量用正、负数值表示。正值表示在自动曝光的基础之上增加曝光量，负值表示减少曝光量，相应的数字为补偿曝光的级数，如 1EV 表示曝光量改变 1 挡。

不同的照相机，启用曝光补偿的方式不同，有的是利用专门的曝光补偿盘来实现补偿，有的是借助于曝光补偿钮与主辅盘的结合来实现补偿，有的则是通过选择菜单命令来实现补偿。

照相机上的曝光补偿装置只是为补偿曝光提供了可能性，但在什么条件下拍摄要进行补偿以及补偿量是多少才能恰到好处，这都要由拍摄者根据经验来决定。拍摄者只有在对照相机的测光模式、测光特性以及物体反光率非常了解的情况下，才能作出正确估算并进行适当的曝光补偿。

根据拍摄对象的实际反光率，在正常测光的基础上根据经验进行曝光量的补偿，在使用自动曝光功能的基础上利用照相机曝光补偿功能来适当增减曝光量。当拍摄的景物接近于白色，如雪景或构图中大部分物体为白色或浅灰色调对象时，可进行正补偿曝光，一般拍摄白色物体可设定为＋2EV（即相当于按照一般照相机测光指示再曝光过度2挡），浅灰色调物体可设定为＋1EV；拍摄普通的草地、中性灰色的建筑物时，一般不需设定曝光补偿；当拍摄的景物接近于黑色，如黑色的煤炭或深灰色调的夜空等场景时，可进行负补偿曝光，即按测定的平均曝光量减少1～2挡，这样可以确保拍摄后的深色调景物仍然具有相应的影调，不至于曝光过度。在作曝光补偿时，未必一定要使用相差1～2挡曝光量，有时候也可作细微的曝光补偿，例如＋0.3EV或－0.3EV的调整也是非常重要的。

一般数字照相机上都有＋2～－2EV的曝光补偿，不过现在有一些高级的专业单镜头反光式数字照相机，如尼康D1照相机的曝光补偿区间已从＋6EV到－6EV，曝光补偿区间更大可以满足更多复杂的拍摄条件，使用者只要根据实际情况作出相应的补偿选择，就可以拍摄出完全符合自己意愿的效果。

复　习　题

1. 什么是曝光？曝光对影像质量有哪些影响？
2. 什么是曝光量？影响曝光量的客观因素有哪些？
3. 光线不变时，曝光量也不变，为何这时光圈变化，快门速度也要变？
4. 什么是手动曝光？手动曝光需要控制哪些参数？请举一例说明手动曝光的优点。
5. 反射式测光原理是什么？数字照相机有哪些测光方式？
6. 常见全自动场景曝光模式有哪些？各自使用的要点是什么？
7. 自动曝光模式有哪几种？各自使用的要点是什么？
8. 什么是曝光补偿？自动曝光补偿的使用要点有哪些？

第四章 >>>

构图原理与技巧

摄影是一门技术，也是一门艺术，摄影构图就是摄影艺术的完美体现。摄影构图简单地说，就是对整个画面进行布局，或者说把要拍摄的景物安排在照片上某一个位置，这种布局要合情合理才能体现摄影艺术的美。摄影构图没有一个固定的格式，它是作者反映主题思想的一种表达形式，主题思想和摄影构图，好比“红花绿叶”，好的主题思想要用完美的形式来表现，才有艺术的感染力。一幅摄影作品构图的好坏，直接影响到作者所要表达的主题思想，关系到一幅摄影作品的成败。摄影构图就是根据主题思想进行画面的创作，摄影构图的过程，就是摄影创作从构思到形象再现的过程。

美术绘画可以根据作者的创作思想，用集中、概括的手法加以表现，使其作品更典型、更完美，而摄影构图只能在客观的现实生活中，在现场用照相机取景拍摄的方式来表达作者的主题思想，根据摄影者创作的要求，用分析、观察、比较、选择、取舍等方法去完成作品。摄影构图是作者表达对现实生活的认识和理解，也是体现作者世界观和艺术修养的场地，同一事物、同一环境，作者的立场和观点不同，其表现手法也会有所不同，这种不同会具体表现在摄影作品上。要达到摄影构图的完美，没有捷径可循，只有付出辛勤的劳动和经过长期的艺术实践，才能拍摄出好的艺术作品。

第一节　摄影构图的目的和要求

摄影构图的目的就是要使摄影作品的主题鲜明、结构清晰，使摄影作品具有强烈的艺术感染力，这就要求作者在创作过程中，通过对拍摄对象整体视觉印象的把握、摄影作品主题内容的表达、主体物在画幅中所处位置的安排、主体物与环境之间的关系、画面的视角与长宽比例等因素在摄影画面中的整体处理与摆放，来充分表达作者的创作意图和艺术思想。

摄影构图没有固定的格式，但有一些基本的要求和规律，在实践中应以摄影构图常识作为基础，尽量按基本要求去做，但又不能被这些“规律”和“要求”所束缚，要勇于创新，本着准确性、鲜明性、生动性的要求，去创作好的摄影作品。一幅好的摄影作品，其构图应满足如下基本要求。

一、明确主题

主题是摄影作品的灵魂，一幅作品没有主题思想，就像缺乏灵魂的生命，无法生存。就摄影作品而言，主题思想就是要宣扬什么，提倡什么，反对什么，给读者以什么启示，要达到什么效果，等等。主题要通过人或者景物来表现，如拍摄一位优秀的教师，宣传他为教育事业所作出的贡献，就是这幅摄影作品的主题思想，因此教师应在画面中得到充分的表现，摄影构图时，应尽量突出教师，最好将教师置于学生之中，教师是表现的主题，学生是陪衬，这样主题就一目了然了。

在一幅摄影作品中，只能有一个主题，因此在摄影构图中，应该加以集中表现，如果分散表现出多个主题，也就没有主题了。

二、分清主次

在错综复杂的自然环境中，根据所要表现的主题思想对事物、环境进行选择、提炼和分析，将主次理出头绪，不能杂乱无章，要使那些起主导作用的物体，在最为突出的位置，用明快的光线和最好的透视效果去加以表现；那些次要的、起陪衬作用的物体，安排在次要的位置上，不能喧宾夺主；而那些与主题无关的，可有可无的物体，应该毫不犹豫地删去，以免影响主题的充分表现。

三、弃繁就简

摄影时不能将杂乱无章的景物都拍进画面里，什么都想在作品中加以表现，结果适得其反，什么都表现不了，因此在构图时，对繁杂的事物、场景和环境等，首先要进行适当的选择和取舍，只有做到画面构图简洁明了，才能清晰美观，引人入胜。

四、布局适宜

各种被拍摄的主次景物，在照片上的位置都应处理恰当，主次分明，看起来干净利索。摄影构图切忌呆板，避免过分对称。拍摄广阔的田野、宽阔的广场或一望无际的海洋时，画面上均会出现一条地平线或水平线，这条线一般不宜放置在画面的正中间，这种一分为二、平分秋色的构图，带有明显的人为痕迹，看起来就显得特别别扭。

在摄影构图中，摄影者应有机地组织素材来表达一定的思想内容，增强摄影创作的表现力，这就要求摄影者在按下照相机快门之前就要将创作主题、趣味中心、环境条件、轮廓形状、光影效果、影调层次、色彩关系等各种因素，依据某种特定的形式进行统筹处理，使画面的内容与形式达到完美的结合，让作品更具有吸引力和艺术感染力。

由此可见，摄影构图的基本方法就是根据摄影创作的要求，结合拍摄环境的具体条件，对所拍摄的内容进行慎重的选择、适当的取舍，再依据艺术创作的规律与法则及摄影造型的手段，将所选取的拍摄内容分清主次、合理布局，最终构成一件完整、生动的艺术作品。

第二节　摄影构图原理和基本规律

摄影构图的创作过程并非在影像后期制作阶段才涉及，而是从发现拍摄主题时就应该开始考虑了，一幅好的摄影作品在构图时有两个阶段：第一阶段是在拍摄过程中，摄影者通过取景器进行创作性构图；第二阶段是在影像后期的处理过程中，剪切者通过剪裁照片进行完善性构图。

通过取景器进行创作性构图是摄影构图的基础，这种构图的过程也称为“预见”，即在未拍摄某一物体之前或正在拍摄的时候，就能在脑海中形成一个印象或一幅图像。一幅好的摄影构图作品应该在快门释放之前就产生了，画幅的长宽比例、主体在画面中的位置，以及主体与其他物体的关系、轮廓的形状、影调的配置、色彩的关系、气氛的渲染等都应当在拍摄之前的有限时间内，在作者心中就有总体上的统筹和安排，这样才能够清晰、准确地用摄影艺术形式把作者的创作意图和观念表达出来。

影像后期处理阶段通过剪裁进行完善性构图，是提高摄影作品品质的重要阶段。摄影创作构图是很难在拍摄阶段一步到位的，不论是构图中物体的结构与比例关系、空间的分布与均衡关系，以及画面中的一些细节安排与表现，等等，都可能出现不尽如人意的地方，经过剪裁就可以除去或弥补摄影作品在创作性构图中的遗憾，使作品的画面更加精彩。摄影构图的后期剪裁工作也有人称它为摄影构图的第二次创作，剪裁的结果是对作者构图表现能力和艺术审美能力的综合体现。当作者在后期制作中冷静下来，对照片进行仔细的分析与推敲，经过虚拟剪裁和思考，一张照片可以剪裁出多种不同的艺术效果，有时甚至会使摄影作品形成质的飞跃而焕发出新的艺术魅力。

由此可见摄影构图有许多规律，下面就对几点重要的规律加以叙述。

一、黄金律

如图 4-1 所示，一幅画面用四根线条将其分为九个格子，称其为九宫格。应将主体或重要的被摄物体放在九宫格的四个交点中的某一个之上，而不是放在画面的中心或接近中心的位置，这样容易获得较好的视觉效果，既突出了主体，又对画面的各个部分进行了顾盼和呼应。上述九宫格的形式是将画幅长宽各分为三等份，在等分线的交叉处出现四个近似的黄金分割交点。四条分割线的交点位置被认为是安排景物的最理想位置，

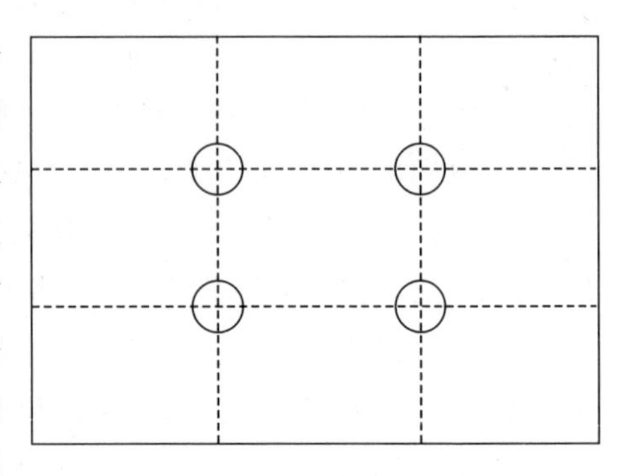

图 4-1　九宫格构图法

称之为兴趣中心。

风景摄影中把地平线安排在画面正中往往会产生呆板的感觉，如将地平线安排在两条水平分割线中任何一条的位置上，效果就大不一样。以地面景物为主时，地平线上推；以天空为主时，地平线下拉。同样，拍摄景物时，景物居画面的正中往往显得过于死板、不生动，而居于两条垂直分割线中的任一条位置，则能明显提高画面的生动感。

黄金分割律应灵活运用，不必强求主体或景物正好在这些点或线上，应根据实际情况，将其大致安排在这些部位即可。

二、三七律

将竖幅画面按上下三七的比例分割，横幅画面按左右三七的比例分割，其中主体应占七成而其他物体只占三成。如图 4-2 所示，拍摄以天空为主的风景照时，天空应占七成，其他被摄物占三成。三七律被认为是国画的最佳构图比例，但又不是绝对的，也可视题材的需要使用二八或者四六的比例。

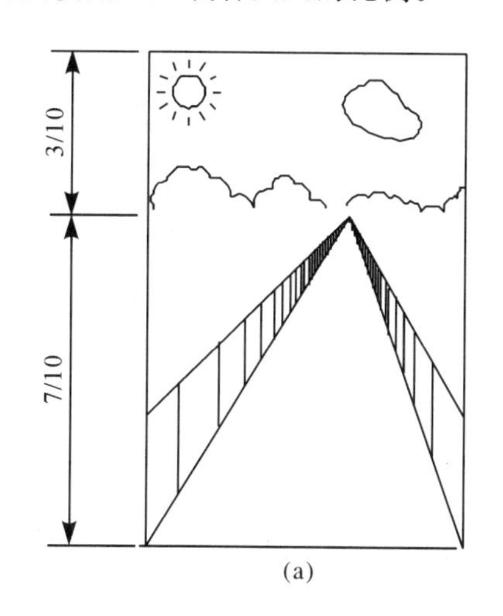

(a)

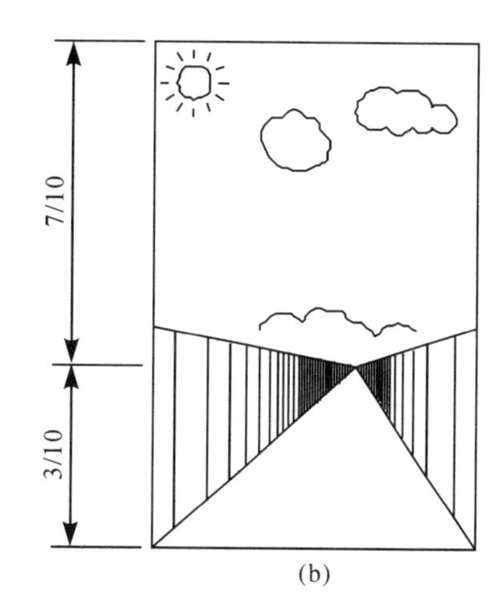

(b)

图 4-2 三七律构图法

(a)天空占三成，其他被摄物占七成；(b)天空占七成，其他被摄物占三成

三、均衡式

这种构图形式能使画面显得比较平衡，其均衡感类似于杠杆原理，由被摄物的影调、色调、形状对比来实现这种平衡。如在小块深色的区域对面放入一大块浅色区域来调节平衡，如图 4-3 所示，具体内容将在本章第四节中介绍。

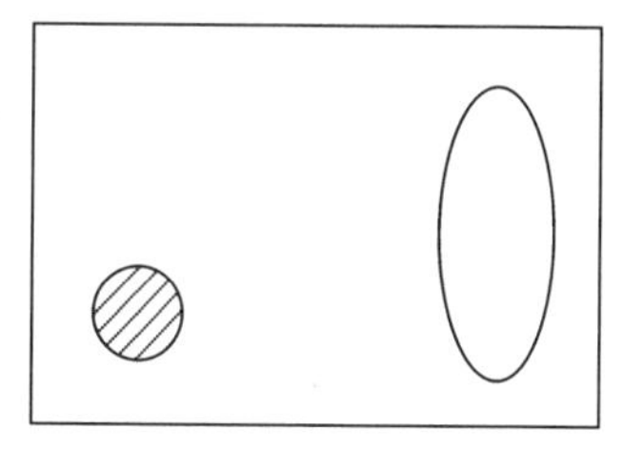

图 4-3 均衡式构图法

四、对比式

运用影调对比、色调对比、形状对比，或各种人物、景物

对比使画面生动活泼，突出主体。强烈的对比能吸引人们的注意力，增强画面的表现力，但要注意避免过强的影调和色调对比，因为过大的反差会使人感到不舒服，产生反感，如图 4-4 所示，具体内容将在本章第四节中介绍。

五、叠加式

在画面上有意将影调、色彩或被摄物有规律地重复，可以突出主题，并使画面不显得呆板。比如飞机场停机坪上的飞机、停车场的汽车、住宅区的楼群等都可以采用这种构图的形式，如图 4-5 所示，具体内容将在本章第四节中介绍。

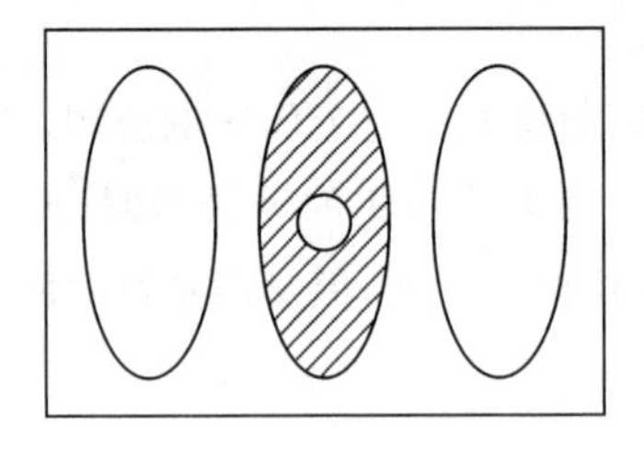

图 4-4　对比式构图法

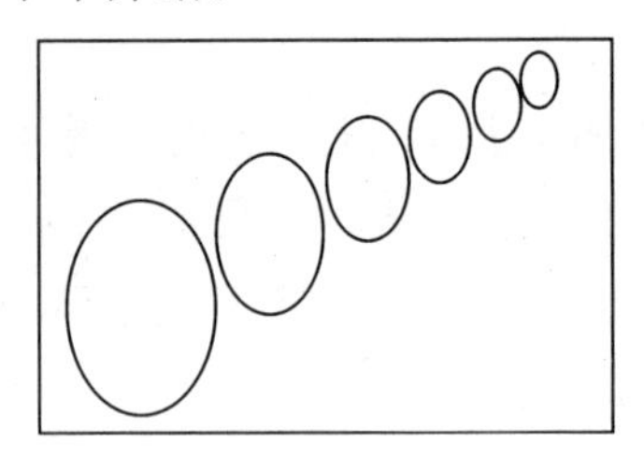

图 4-5　叠加式构图法

第三节　摄影构图的基本形式

照相机与被摄物之间的距离称为拍摄距离，拍摄距离直接关系到被摄物在画面上所占的位置、大小、远近和高低，不同的拍摄距离在画面上分别产生远景、全景、特写、中景、近景等场景（又称为景别），这些可以根据不同的拍摄主题和拍摄内容来确定。不同景别具有不同的画面表现力，应根据表现意图去确定景别，运用改变镜头焦距和摄距远近位置的处理方法来改变画面效果。绘画理论有“远取其势，近取其神”的说法，这对摄影来说也是非常适用的，在摄影实践中可以加以应用。

一、远景

远景就是照相机对远距离物体进行拍摄，所包括的景物范围较大。远景主要以大自然为表现对象，拍摄时注意远取其势，以自然的气势来取胜，常用来表现地形特征、地理位置、气候变化，等等。山川的起伏、河流的走向、田野的风光、海洋和沙漠等均是远景拍摄的重要题材，因此远景构图要注意整体气势，处理好大自然本身的线条和色彩。

二、全景

顾名思义，全景就是表现某一被摄对象的全貌和它所处的环境。全景范围的大小与主体对象有关，由主体对象的大小来决定。我们平常所说的全身像，就是人物的“全景”，一台机器的全景就是整台机器，如果要拍杭州的全景就得在飞机上鸟瞰全城，如拍摄一个小水电站，就得选择一个很好的拍摄角度，把大坝、变电站、主要厂房等全部都收进画面里，给人以一个“完全”的印象。拍摄全景时，就是要表现主要物体的气势及它所处的总体环境。

三、特写

特写与全景表现方法相反，主要是突出景物的局部或细节，从细微处来揭示对象的内部特征。如拍摄一位饱经风霜的老人，就应选择他的头像，把他的面部神态和记录岁月的皱纹拍摄下来。如拍摄一台机器，可以拍其中一个关键部件或某一个零件，尽量表现该部分独特的质感、光洁度及其特色，这个任务是全景所不能完成的，但它们之间又是相辅相成、互为依存的。

四、中景

中景是介于全景和特写之间的一种构图形式，中景常以动作情节来取胜，环境降到次要的地位。中景表现人物时，既要表现人物的精神面貌、动作表情，又要反映人物的活动场景和氛围。如要表现一个技术攻关场面时，既要表现人物攻关的精神面貌和动作表情，又要体现人物所处的环境和气氛。

五、近景

近景是突出表现被摄主体的主要部分，特别是在静物摄影、广告摄影和人物摄影中，经常运用这种画面效果。近景能够表现被摄主体的主要特点、人物活动的主要关系和神态，以及物体表面肌理的细腻程度。

六、横幅和竖幅

摄影构图的画面可以是横幅也可以是竖幅。横幅和竖幅的画面构图，不单纯是一个剪裁的形式问题，而是表现主题思想的一个重要手段。采用横幅还是竖幅构图，由主题思想和所摄景物来决定，一般规律是：拍摄建筑物群、工地、广场、海滨和起伏的山峦等横线条比较多的景物时，适应于横幅构图，它能表现出宽广、辽阔和气势磅礴；拍摄山峰、高塔、高大建筑或多呈现竖线条的景物时，一般适宜用竖幅构图，它能更好地表现出雄伟、高大、庄重的气势。

第四节 摄影构图几种规律的运用

摄影构图有一定的规律可循，如线条的运用、对比的运用、平衡的运用等。

一、线条的运用

线条不仅可以表现被摄物的外部形态，更重要的是它还能体现出画面的韵意。虽然被摄物体外形各有不同，但都是由各种形状的线条构成。掌握好线条的特点以及它们的表现力，对摄影师来说是非常重要的，也是摄影师在创作中必备的要素之一。在摄影的过程中，线条的运用是非常具体的，它常常依附于被摄物体自身的外部形象，如人物造型、自然景观等，常常都会用线条来表现它们的特色和内容，当然还有光线照明所产生的线条，等等。

线条构图的基本要求是：赋予画面的线形要变化，要强调形式美，要善于在客观事物中找出被人们忽视的线条形态和线形变化规律，以及线形与光线之间的相互关系，比如圆形、长方形、三角形、四边形等，下面介绍几种常用的线条变化效果。

1. 平行线

平行线是由横向水平线构成画面的基本格局，它的特性是利用水平线的变化给人们一种稳定、安宁的视觉感受，特别是在商品摄影和户外建筑风景摄影中，水平线的应用经常会碰到。画面的稳定能使人产生一种心理上和生理上的均衡，这种处理手法在建筑摄影中应用最为广泛。

2. 垂直线

垂直线画面整体布局呈竖直结构，主要是以垂直竖线条构成，通常具有挺拔、高耸、向上的特征，一般给人以威严、庄重的感觉，通常用来表示高耸的物体，特别是在拍摄高层建筑、高塔、高大的树木中使用。

3. 曲线

曲线在所有的线条中是最优美的一种线条，它给人一种流动的愉快感觉；曲线也是最能产生方向感和空间效果的线条，它能不断增加画面的动感和节奏感，还会有一种自然美的韵律，特别适合于拍摄运动中的物体，如沙漠中的马队在阳光下沿着某一曲线前行，马队在阳光下的阴影和沙峰曲线之间有一种双曲线呼应的效果，两种曲线非常美丽动人。

4. 会聚线

当所有的线条向某一点会聚时，这种线条在画面上就能产生强烈的空间感和透视效果。摄影照片是二维空间，物体是三维空间，必须巧妙地利用会聚线的效果来产生空间感，最佳的方法是让有直线条的物体均向某一点会聚，如电力机车、公路、铁轨，等等。

5. 放射线

放射线是一种单组或多组向外辐射排列的线条，这种线条有长短的变化，但均向外辐射，辐射的规律很强，有时还会产生动感效果和鲜明的节奏感，如夜晚灯光和礼花的照片等。

掌握好各种线条的规律及拍摄它们的方法和技巧，得到由优美线型构成的画面，一定会为我们的摄影作品添色不少。

二、对比的运用

寻找在构图过程中能产生强有力的对比元素，将它们充分运用进来，并且以适当的形式安排在画面中，能有效地增强画面的戏剧效果和视觉冲击力。

1. 明暗对比

物体在各种不同的光线照射下有明暗的区别，也有色彩的深浅，在不同背景的环境下，会产生很大的视觉差异，这就要求摄影者充分了解各种光照和明暗强度的变化规律，正确处理好主体、陪体和背景的关系。如浅色的主体一般应选用深色的背景，中性明暗的背景可以和浅色的主体搭配，深色的背景一般应选用白色或浅色的主体。在处理明暗背景的时候要考虑到画面的基调，如高调、中间调和低调的关系，也要考虑到光线照射的方向与光照角度的关系，高调照片通常是以浅色调为主体，白色的背景，以正面光或正侧光为主；低调照片通常是以深色调为主体，深色的背景，逆光或侧逆光为主；而中间色调则介于两者之间。

2. 大小对比

大小对比是物体通过大小比例关系来突出主题。镜头的长短、拍摄距离的远近均关系到照片上物体的大小，它与人眼观看物体的效果并不一致。表现物体大小的关系有：一是拍摄距离，离镜头距离近的物体体积大，离镜头距离远的物体体积小；二是镜头焦距，长焦距镜头将远距离物体拉近，物体体积变大，短焦距镜头将近距离物体推远，使物体体积变小。

3. 色彩对比

色彩的搭配是一门艺术，涉及人的审美情趣和艺术品位，也涉及人们的审美习惯，不同的国家、不同的地区、不同的文化背景，对色彩的应用和颜色的搭配均有所不同，没有一个统一的标准和规定。一般情况下是：冷暖色调的搭配，冷色调与中间色的搭配，暖色调与中间色的搭配，在色调搭配关系中不能喧宾夺主，也不能在颜色搭配中过分生硬，要做到自然、和谐和美观。

4. 动静对比

运动和静止的对比如果运用得好的话，能体现画面的气氛和自然效果。有一些画面应以静为主，动为辅，如书房；而另一些画面则应以动为主，静为辅，如赛场。通过对静态物体和动态物体的拍摄，强化主题思想的刻画和对主题人物内涵的塑造，会使作品锦上添花。

5. 虚实对比

虚和实的结合能使画面的空间感增强，能更好地表达画面的内涵，还能较好地突出主题，使主题表现得更加醒目，从而更容易吸引观众。如小区的环境可以用清晰的树木和鲜花加虚化的建筑物构成，这种构图形式会激起人们的想象力，引入更加美好的画面意境。

三、平衡的运用

画面上的平衡会给观众在视觉上和心理上产生一种稳定和均衡的印象，这就要求摄影者把握好画面布局中的轻重、疏密、简繁、大小之间的关系。照片是否具有平衡感，是画面元素设计过程中，组合是否成功的主要依据。照片能否给观赏者一种稳定和均衡的舒适感，防止重心偏移是很重要的，如涉及地平线、海平面以及建筑物等拍摄对象时，应防止倾斜和不协调的现象出现。画面的平衡可以用以下两种方式来实现。

1. 对称平衡

对称平衡适合物体大小基本均等的情况，它可以使画面上的物体基本上左右对称或上下对称，这种平衡方法容易掌握，常常用在庄重、雄伟、严肃、协调等情况，缺点是透视感差，画面比较呆板。

2. 非对称平衡

非对称平衡适合物体大小不同的情况，它是根据“秤砣虽小压千斤”的原理，利用被摄体在画面上的大小比例、色块比例、虚实动静等参数，使画面取得总体上的平衡。这种平衡方法在构图中使用最多，它可以克服画面呆板的缺点，营造构图的新创意。常见的非对称平衡方法主要有如下四种。

(1)大小平衡　大小平衡是指不同体积的被摄物体，应合理安排在画面上，利用非对称平衡的方法，达到画面总体的平衡。大小平衡的方式很多，可以利用主体的大小，主、陪体的大小，画面上色块色彩的深浅等方式来达到平衡。

(2)虚实平衡　虚实平衡是指画面上利用清晰与模糊的影像，达到画面上的平衡。清晰与模糊的影像可以用景深控制，或用滤色镜片等，使画面上的景物以虚衬实，动与静结合，而达到总体上的平衡。

(3)疏密平衡　疏密平衡是指画面中疏的部分与密的部分两者之间的平衡，其中疏的部分是指亮的、白的、空的和景物比较少的部分，密的部分是指暗的、黑的、满的和景物比较多的部分，这种搭配要合理均衡，要留有一定的空间用来“透气”。疏密的运用具有调节视觉心里的功能和刻画意境的功能。

(4)色彩平衡　色彩平衡是指利用被摄体的不同颜色、色块大小、色调对比等方法来达到视觉平衡的效果。这里涉及颜色对人们视觉的影响，色块大小搭配要按一定的比例分配。“万绿丛中一点红”虽然红色只是一小点，但它能表现出生动、活泼的构图特点。

复　习　题

1.什么叫构图？构图包含哪些方面的内容？

2.构图的目的是什么？构图有哪些具体的要求？

3.构图的原理是什么？构图有哪些基本规律？

4.构图的基本形式有哪些？横幅和竖幅画面构图的规律是什么？

5.常见线条变化的规律有哪些？请说出它们各自的作用。

6.为什么说对比的应用能增强画面的效果和视觉冲击力？

7.什么叫平衡？对称平衡和非对称平衡各有什么特点？

第五章 >>>

人像摄影

照相机发明以来，最早的用途就是拍摄人像，如今遍布大小城镇的照相馆，主要的业务也是拍摄人像。目前照相机已成为千家万户的常备用品，在旅游摄影、新闻摄影、纪实摄影、时装摄影及其他门类的摄影中，虽然各有其侧重面和拍摄规律，但也常常需要运用人像摄影的主要表现手法和技巧。在专业摄影和业余摄影课程的教学中，人像摄影也是永恒的主题，常常作为重要内容来讲述。

人像摄影又称为人物摄影。人物是最复杂的拍摄对象，人的外形、人的表情、人的社会生活是变幻无穷的，人像摄影，就是用摄影的形式来体现人物的外貌特征，并通过人物的外貌形象反映人物的精神面貌和个性。人像摄影往往表现特定环境中人物的现状、人物的活动、人物参与的事件，以及构成的情景。人像摄影在客观上是通过人物外形进行艺术创作，丰富人物的情感世界，真实而又深刻地反映出不同人物的精神风貌，从而间接地记录人类社会变迁和发展的轨迹。人像摄影的范围十分广泛，它包含了社会生活的各个方面，生动的人物照片描绘的不仅是人物的外表形象，还有人物的性格特征，所谓"形神兼备"讲的就是这个道理。

人像摄影就是以人作为拍摄对象，很容易理解和掌握，许多初学者都是从学习如何拍摄人像而跨入摄影之门的。虽然我们生活在人海之中，每天都能见到各种各样的人，但是想要拍好一幅人物肖像并不容易，如能按下面的要求去做，通过一段时间的练习，一定会拍出令人满意的人物照片来。

第一节　人像摄影的基本要求

真实、完美地再现人物形象，刻画人物的精神面貌是人像摄影的基本要求，这意味着不仅要概括地表现人物外部特征，还要揭示被摄影者的内在性格及其精神面貌。一幅优秀的人像摄影作品应该做到准确表现人物的外部特征，准确揭示人物的性格特点，准确把握人物的时代精神，准确使用烘托人物的背景和陪体。

一、准确表现人物的外部特征

准确表现人物的外部形象和特征，是人像摄影最基本的要求之一。首先，要根据人物的特点进行适当的造型，选择好拍摄角度，调整好照明光线，正确处理好这些问题后，就能准确地表达人物的外貌和形象。其次，要善于发现人物的典型特征，真实地表现人像艺术的美，不要过分地修饰和一味地追求漂亮的外表，这样会使人物失去真实的个性。

二、准确揭示人物的性格特点

人像摄影贵在传神，拍摄人物不仅在于拍得像不像、美不美，更重要的是照片中的人物是否传神、是否有个性。传神和个性从哪里体现？通常是通过眼神和动作来体现，眼神是心灵的窗户，它能展现人物的思想和性格，动作是心灵的支架，它需要稳定、自然、得体的造型。所以从事人像摄影，首先要了解人、了解生活、了解不同的人在社会中的表现形式，还要有热情和创作激情，善于观察和体会被摄者的内心世界，学会用瞬间抓拍的技能，真正拍出既能传神又有文化内涵的人物作品。

人像摄影要做到“形神兼备”，要求摄影者将人物的性格和外表特征有机地融合在一起，充分利用人物的形态语言，随时捕捉人物情感流露的瞬间，深刻展示人物的性格特征。

三、准确把握人物的时代特点

人是社会中的主体，每个人都生活在社会的客观世界中，社会的发展和进步通过人物的行为表达出来，作为一个生活在现实社会中的人，离不开周围的环境和特定的社会条件，他们的服饰、化妆都紧随时代的潮流，他们的职业、年龄、地位、爱好、文化、民族信仰等都与他们的形象有关，在人像摄影中都要准确地表现出来。

四、准确使用背景

拍摄人物照片时，画面的背景非常重要，因为它有助于观众理解所拍摄的主体和拍摄者的意图，无论背景由什么组成，是人们的住宅，还是人物所处的城市街景或是他们娱乐休闲的场所，只要是与人类居住环境和生活空间相关的一切因素都会向我们提供有关被摄人物的有用信息。在画面上，环境和主体人物之间应形成视觉上的平衡，一方面要在画面里包括尽可能多的环境因素来说明主体，另一方面又绝不能让背景将主体淹没。

第二节 人像摄影的方法

人像摄影可分为两大类，人物肖像和抓拍人像。无论被摄对象配合与否都可以拍摄到上述两类照片，被摄对象是否意识到正在被拍摄或者是否与摄影师进行了配合，并不是区分两者的唯一标准。不管拍摄对象距离是远还是近，也不管他们之间的关系是生疏还是亲密，无论是在摄影棚里拍摄还是在街头拍摄，都应时刻记住有关构图的技术与技巧，这些才是表达主题思想的最好的方法。

当然，这并不是说只要考虑照片的主题就够了，对于人像摄影来说，照片的视觉中心应该是让你产生拍摄冲动的人物。你想表现他的什么呢？一旦决定了拍摄主题，就可以用前面讲过的构图技术与技巧来帮助实现你想要达到目的，但要记住，这些只是一般性的指导意见，并不是一成不变的教条和通往成功的捷径。在实际拍摄中，如果有更适合于主题表现的方法，就要毫不犹豫地使用。

例如，你拍摄的对象正走过或跑过画面，或者他的视线朝向画面的一边，通常的做法是构图时在人物前方，行进的方向或者是视线的方向多留一定的空间，这样画面上人物的运动和构图才不显得局促。但是你也可以反其道而行之，拍摄出景物充满构图画面的另外一种形式，照片上的人物正在奋力冲出画面。仔细想想你要表达的主题，无论是遵循规则还是独创自己的特色，只要能拍出自己的风格和主题就是一种好的尝试。

在实际拍摄中，人像摄影主要采用摆拍和抓拍两种方法。

一、摆拍

人像摄影可以在现场自然光下摆拍，也可以在室内使用人工光源进行摆拍。室内摆拍是通过细腻的灯光配置，照相馆内人像的拍摄常用的就是人工光源。摆拍时不能让被摄者感到不自在，也不要为笑而笑。拍人物照未必都要露出笑容，发自人物内心的笑是真实的，但这种笑停留在人脸上的时间是短暂的，一般人的笑在开始阶段比较真实，中间和后期往往缺乏真实感，所以拍人物的笑容要善于抓住感情表现的高潮。周围环境与人物主体应该相互配合，要抓取人物神情兼备的理想瞬间。还应选择正确的拍摄角度，只有用合理的基调来拍摄，才可以获得比较真实的人物照片。

二、抓拍

抓拍是人物在现实的环境中丝毫不加以组织和摆布，而只是选择适当的拍摄距离、合适的拍摄角度和光线的照射方向，抓取能够表现人物特色的瞬间进行拍摄，这也是新闻摄影中使用最多的一种拍摄方法。

在人像摄影中，对神态表情的定格捕捉是获得人物完美形象的基础，同时人物的表情还是表现其精神性格的关键。因此对人物神态表情的抓取与表现是十分重要的，只有对人物典型神态表情的瞬间凝固才能将人物表现得惟妙惟肖，获得精彩的人物照片。

摆拍的人像照片严谨，光线柔和，造型优美，形神兼备；抓拍的人像有现场气氛，表情真实自然，感情真挚。在实际拍摄中，将两种方法混合起来使用，其效果更好。

第三节　人像摄影的技术要点

拍摄一张人物照片很简单，但是要想获得一张完美的人物照片就不那么容易了。这需要我们认真按人像摄影的基本要求去做，同时还要掌握一些拍摄技术要点，才能拍出好的人物照片。

一、突出表现人物

拍摄人像时，人物是被表现的主要对象，因此人物在画面中应得到最为突出的表现，只有主体得到了突出的表现，才能使人们了解照片所拍摄的内容。首先通过面积上的优势来突出主体，通常采用靠近被摄人物或使用长焦距镜头拍摄的方法，增大主体在画面中所占据的面积。

其次按照三分法的原则，选择将主体放在画面上的位置。因为井字型构图的交叉点是趣味中心，能较好地突出主体，人物大小比例的设计，特别是头部大小比例的设计，都应考虑，还要考虑画面空间的分配比例以及影调、色调的特点等因素。

二、注意构图均衡

拍摄人物照时，要注意构图的均衡性，人物不宜放在画面的正中位置。通常将主题人物安排在画面的 1/3 处，这样会使整个画面显得活泼，在人物的前方或转身的方向，要留有适当的空间，当人物位于画面右边时，则需在左边加上一些陪体予以平衡，合影中如果个头向一个方向倾斜，也会造成视觉的不均衡。

三、选择简洁背景

在拍摄人像的时候人们常常会犯一个错误，就是把许多背景都纳入画面中，这些杂乱无章的背景会影响主题人物的突出，会使整幅画面失去表现的重点，失去吸引人们视线的趣味中心。因此我们在拍摄时要尽量选择简洁的景物作为背景或利用一切手段使背景变得简洁。如选取单一的景物作为背景或者变换拍摄位置去除杂乱的背景，也可以用大光圈将背景虚化。

四、善于使用光线

在人像摄影中要善于使用光线。合理用光除了能使影像获得比较理想的密度外，还能准确地表现人物的外貌特征和精神面貌。用光造型离不开人物的面部表情和动作姿态，不同的用光方法会得到不同的效果。用正面光照明，人物受光面多，有清新、明快感，用侧面光能使人像富有立体感，逆光能造成清晰的轮廓和强烈的对比感，使人像显得生动和突出。用光要根据人物的脸型和动作造型来决定，人的脸部较瘦或皱纹较多，可用顺光进行正面拍摄，使脸型显得丰满，皱纹不明显，人脸圆胖，可用侧光照明的办法进行艺术处理。

人像摄影的光比不宜过大，一般应保持在 1∶4 为宜，光比过大，应用辅助光或反光板将暗部的亮度提高。在室内如用单只闪光灯拍摄，人物脸部亮度均匀，影像平淡苍白，缺乏明暗层次和立体感，此时如有现场光，效果会好些。

五、选择拍摄距离

拍摄人物特写或近景照片时，拍摄距离不能太近，也不能太远，一般应保持拍摄距离在 2m 左右。拍摄距离太近会使人物的脸部形态产生变形，失去真实感，太远又不能拍摄清楚人物的脸部表情。

六、选择拍摄角度

近距离拍摄人物一般宜采用平视角度拍摄，平视角度比较符合人眼的视觉习惯，使人物形象真实和自然。拍摄人物头部特写，摄影镜头的轴线应在人物的眼睛部位，拍近景时，应在眼鼻之间，拍摄大半身或全身照时，应在胸颈之间。

第四节　几种人物照的拍摄

人物照根据人数、年龄、背景和用光分为单人照、集体照、儿童照、风光人像照和高低调人像照。

一、单人照

单人照分为人头照、半身照和全身照三种。

1. 人头照

人头照又称为证件照。拍摄人头照，以拍摄人的正面脸部为主，人物神态一般都较庄重，身体容易僵直、呆板，宜将头部或肩部稍向左右转过一些，以使神态优雅自然。在摆布的过程中应小心用光和取景，选择好拍摄角度，拍摄时取最佳形态和神态，适当地修饰一些缺陷，如额头过高或秃顶，可使头稍仰些；翘鼻子，头宜稍俯些，用高位光照明；等等。

2. 半身照

拍摄半身照，可先让人物随意活动，从中观察人物体态特征和最“上照”的姿态。手的位置和动作都很重要，它可以使画面发生变化，并带有装饰性和标记性。如少女手持一束鲜花，就可增加美感，使画面漂亮起来。

小知识：半身照又可分为正面照、七分照、三分照和侧面照四种。

正面照是从被摄对象的正面进行拍摄，它有利于表现人物的正面特征，适合于脸型匀称、五官端正的人物。七分照是从照相机位置看被摄对象，脸部的正面部分比侧面大，约占七分。七分人像照造型立体感较强，人物显得生动而有变化，适合于脸型不太匀称、五官有较小缺陷的人物，拍摄时利用阴影将缺陷掩盖。三分照是从照相机位置看被摄对象，脸部的正面部分比侧面小，约占三分。三分人像照具有轮廓线条突出抢眼的特点，鼻梁的高低也很明显，适合于脸型匀称、五官端正、鼻梁较高的人物。侧面照是从被摄对象的正侧面拍摄，有利于表现人物侧面结构，如额头、鼻子、下巴等轮廓线条，尤其是鼻子非常醒目。

3. 全身照

拍全身照，要情景交融，人、物两宜。人物所占的面积不能太大，可用景物或陪体来衬托和丰富画面，提高人物的自然美，把人拍活，将优美的环境和优美的姿态结合起来。拍摄时可以用站立的姿势，也可用坐或蹲等姿势来拍摄。

二、集体照

集体合影的照片拍摄范围大，一般多为有规则的坐或立，照片中的人物往往是一字排开，这时宜选带有竖线条的景物作为背景，使画面有适当的变化。人物的排列要适当调整人物的高低位置，一般采用老年人坐下，青年人和儿童站立，儿童站在前排老年人附近，青年人站在后排，不要使个头向一边倾斜或相互遮挡，服饰的色彩和明亮度也要参差一些。人物要尽量靠拢，尽量使照相机前移，把人物拍得大一些，照相机固定在三脚架上，机位对齐眼睛，采用小光圈大景深拍摄，使前后排人物都能清晰可见。拍集体照时要避免用顶光和侧光，顶光会使脸部投影不雅，侧光会造成阴阳脸或人物之间投影形成的花斑脸。拍摄时要关照大家作好准备，统一视线，避免闭眼，一次多拍几张，可以有选择的余地。

三、儿童照

拍摄儿童照取得成功的关键是对儿童要有爱心，要用心陪伴他们，因为儿童对人的情绪有着本能的敏感，他们可以判断你的行为和情感是否发自内心。对于儿童而言，天真和调皮是他们的天性，也是他们对生活的尝试，必须寻找一些孩子感兴趣的东西来正确引导他们，让孩子成为活跃的演员，才能使他们进入最佳状态，不要强迫孩子进入情景，否则他们哭起来就没法进行拍摄。

小知识：各个时期儿童照的拍摄。

初生婴儿除了能躺卧之外，什么也干不了，这时可让孩子平躺在较低的位置，或者将孩子放在摇篮里，拍摄一些头像留作纪念。拍摄婴儿照应利用室内的自然光线，不能使用闪光灯，以避免刺伤宝宝的眼睛。周岁以后的儿童可以让他们坐在床铺、沙发、椅子或草地上，背景尽量用单一的浅色调，抓拍儿童成长的某一瞬间。也可以和孩子一起玩耍、做游戏，等到他们的情绪起来后，用高速快门来进行抓拍。2～4 岁的儿童比较好动，善于模仿，而且独立性强，爱发脾气。大部分孩子在这个时期开始学会表现自己，并渴望被人赞扬和喜爱，拍摄时应该和他们做游戏，尽量让他们忘掉照相机的存在，充分展现儿童天真可爱的一面，这时拍摄的时间会稍长一些，不要不耐烦，要耐心地逗引孩子，让他恢复到较理想的状态。孩子再大些，可以让他处在自然活泼的状态下，不要故意让他们去摆姿态，因为大人让他摆姿态，往往会使孩子失去稚气和自身的特点，这样儿童各种天真和稚气的表情都可以入照片，满面笑容的儿童照片非常令人喜爱，手指放在嘴里的儿童照更显可爱，我们应把握时机进行拍摄。

四、风光人像照

每旅游到一处景点，人们都会拍摄一些纪念照片，以记录这美好的时刻，有了这些留念照片，不仅可以在回家后与亲朋好友共同分享旅游的过程，而且还为这段旅程提供了最好的见证，为以后回忆留下了永久的依据。

在拍摄旅游人像的时候，人们通常会选择最有代表性的景物作为拍摄背景，如很容易被人们识别的一些标志性的建筑，所以，只有选择合适的景物才可以让旅游人像照的作用发挥出来，否则谁也不知道这张照片是在什么地方拍摄的。

旅游人像一般是在自然光的条件下进行拍摄的，散射光对于拍摄人物来说是很好的光照条件，因为散射光的光质柔和、光照均匀，会使人物的皮肤质感显得柔美；但散射光的光照较平，不利于立体感的表现，所以对于景物来说就会显得有些平淡。顺光和散射光效果相近，虽然影调明晰，色彩还原好，但是画面整体缺乏立体感和层次感，空间感也较弱，而且强烈的顺光会使被摄对象眯起眼睛，人物脸部还会因为光照太强而导致缺少层次感。

对于表现人物和景物来说最理想的光源应该是侧光或侧逆光，它们无论对人物还是对景物都会有比较理想的光照效果，这两种光源都能呈现较好的立体感，背景的细节部分也会体现出来，层次感和质感都会得到很好的表现。前侧光能很好地表现人物的立体感，但是对景物效果的体现却显得很平淡。

人物大小与景物之间应有适当的比例，这是旅游人像构图的基本原则。如果人物大小与景物的比例处理不当，会出现人物拍得过大将景物遮挡，或者人物在画面中过小而无法辨别，一般人物与景物的比例是人物在画面中约占 1/3，这样拍摄出的画面会显得比较协调，而且这样的比例拍摄出来大小适中，易于辨识。全景人像和中景人像是拍摄旅游人像的最佳拍摄形式，使用这两种形式拍摄的纪念照既能在画面中突出人物，又能表现出景物的特点。所以在拍摄旅游人像的时候，人与景的关系是并重的，只有这样才能获得更好的画面。

在拍摄旅游人像时，远景和特写的拍摄手法一般不要使用，采用远景会使主题人物的具体形象在画面中无法展现，特写则会使画面中缺少景物的特点，这两种拍摄方法会使照片失去纪念意义。

大自然景观各不相同，各具特色，每个人对于景物的喜好和选择也会千差万别。在拍摄时，有时需要表现景物的全景，这时要让照相机离景物远一些，让人物离照相机近一些，这样人物和景物在画面中都能取得较好的效果。

景深可以用来控制照片的空间感，因为背景的虚实变化可以直接影响画面的深度，使照片层次感丰富，利用小光圈，有助于产生较强的空间层次感，背景也能得到很好的表现，利用大光圈，整个背景就会变得很虚化。

五、高低调人像照

高调人像的照片画面基本上是由白色和浅灰色构成，黑色成分极少，整个画面具有色彩浅淡、层次细腻和简洁明快的特点，总体上给人以纯洁高雅的印象。高调人像照拍摄时一般都采用顺光，光线柔和、匀称，得到的效果反差小，拍摄时除头发外，脸上的光比不要超过 1∶2，被摄者应穿白色或浅色衣服，背景也要选取白色或者浅色，主体和陪体的色调应尽量接近，曝光量要比正常曝光略为增加一点。

与高调相反，低调人像照的画面基本上是以黑色和深灰色为主，浅色影调所占的面积很小，整个画面具有色彩深暗、层次省略和深沉厚重等特点，总体上给人以肃穆神秘的感觉。低调人像照拍摄时应多使用侧光或半逆光，人物的服装色调应比较深，背景应选择黑色或深色，人物和背景在色彩上应尽量接近，自然景物或陪体的色调也要深一些，曝光时有意的减少 2～3 挡，就能获得深重、暗黑的低调画面。

如何选择画面的影调趋向呢？是高调还是低调，或者是中间调？可以从两点来考虑，一是根据自己的情感需要，二是根据拍摄对象的明暗与色彩面貌决定，在这三种影调效果的基础上，稍加变化就可形成各种影调画面。

复　习　题

1. 人像摄影的基本要求是什么？如何才能做到？
2. 人物照的拍摄方法有哪些？各自的特点是什么？
3. 人像摄影的技术要点有哪些？请简单叙述一下。
4. 单人照的表现方式有哪三种形式？
5. 如何做才能拍好儿童照片？
6. 风光人像照如何拍摄？在风光人像照的拍摄中如何利用自然光？
7. 高调人像照和低调人像照有何区别？这两种类型的照片分别如何拍摄？

第六章 >>>

自然景观摄影

自然景观摄影一般意义上是指风光摄影或风景摄影。在所有的被摄主体中，除了人物以外，自然景观占据了主要的地位，主要是为了展现大自然的美丽，因此在拍摄中除了对自然环境的美丽加以赞赏之外，还有一个重要的作用，就是让世人热爱大自然，珍惜我们赖以生存的自然环境。

摄影常被人们称作绘画的姐妹艺术，这是因为它们在表现手法上有许多相似之处。最初自然景观的摄影几乎是一成不变地套用了绘画的审美标准来赞美大自然的美，似乎要成为一个风光摄影师只要系统地学过绘画的表现手法和构图法则，然后再学会如何摆弄照相机就行了，至于什么是风光摄影的摄影语言，在相当长的一个时期内都被视为是一个无关紧要的问题，实际上自然景观的摄影表现手法与绘画还是有所不同的。自然景观摄影受到天时地利的限制，拍摄条件与气候有关，具有强烈的纪实性，是自然美的再现和升华，能真实地展现大自然的壮观场面。一幅出色的自然景观摄影作品，不仅展示了自然界的美丽风光，而且表现了自然界的气候状况，在这一点上绘画是无法与它比拟的。

拍好自然景观照片取决于摄影者的美学素养和拍摄技巧，自然美固然重要，但更重要的是要表现出拍摄者对它的审美情趣和感情色彩，寓情于景，触景生情，借景抒情，情景交融，使自然景观在照片中变得更加绚丽多彩。

第一节　自然景观摄影的概念

爱好摄影的人中，喜欢风光摄影的人为数不少，他们拿着各种各样的摄影器材投身到大自然的怀抱中去，把自己的真诚和爱心倾注到自然风光摄影之中，这是一种人与自然的和谐，也是人们爱上风光摄影的理由。

要拍出一幅好的风光摄影作品，就需要做大量的准备工作，包括对拍摄地人文历史的研究，对前人摄影作品特点的分析，对当地地理和气候情况的了解，以及最佳拍摄时间的选择，等等，还要根据拍摄要求有选择地带上一些摄影装备和不同的镜头，并在经济上和生活上做一些适当的准备工作。

风光摄影是人们在大自然中体验生活、体验社会、感悟人生的一种经历，它会给我们带来意想不到的惊喜。随着现代科学技术的不断进步，人们对大自然的认知和保护，对原生态和有特色的景点越来越重视，风光摄影逐渐走向成熟。风光摄影以它特有的真、善、美给人类留下了永恒的记忆。

风光摄影是一种技术与艺术完美结合的产物，在我们掌握该门技艺的同时，应加强摄影者的修养，因为风光摄影对意境上的表现要求非常高，它不仅是要体现客观图像的真实感，还要追求在完美画面上的创意。优秀的摄影师不仅要具备观察自然的能力，还要具备较高的文化素养、深厚的艺术底蕴以及完整的专业知识和技能，因为有个性、有内涵的作品反映出来的思想越独特。

风光摄影还可以促进当地经济的发展、旅游景点的开发。世界各国有许多地方原本都是很荒凉的，人类很少去光顾，但是这些地方的自然景观非常美丽，是一些尚未开发的“处女地”。通过摄影作品的介绍，今后这些地方将会有很大的发展空间，经济价值也会得到很好的体现。通过摄影师的采访和拍摄，把那里的自然景观、人文特色和民族风情用镜头记录下来，通过现代的手段传播出去，会带来大量的旅游观光者，从而促进当地经济的发展，改善当地人们的生活水平。

第二节 摄影器材

风光摄影对器材的要求与一般摄影对器材的要求不同，既要考虑到外出活动地的拍摄要求，又要考虑轻便和灵活，便于携带。对照相机的要求就更高，除了满足前面几条外，还要求成像品质高和拍摄效果好。用于风光摄影的照相机多为小型单反照相机，该类照相机功能齐全、使用灵活方便、配套的镜头也多、机械性能和电子性能均比较完善。选用照相机时要注意几个方面的问题。

一、品牌质量

品牌体现照相机的质量和使用者的喜好。有些摄影者习惯使用某一品牌，同类品牌相关镜头可以通用，这样可以减少一笔不小的开支。目前在国内外的相关品牌照相机，主要是以欧洲产品和日本产品为主导，特别是日本产品，研发力量强、更新换代快，给使用者提供了很多的选择余地，如尼康、佳能、宾得、索尼等。

二、数字照相机

目前数字照相机的像素都已达到 1000 万像素以上，高档的小型单反照相机已经达到了 2000 万像素以上，并且显示速度快、品质高、功能全。数字照相机的镜头质量也很重要，它是体现被摄体细部层次的重要器件，由于小型照相机储存图像面积尺寸小于其他中大型照相机，所以在选择的时候除了像素因素之外，还要考虑镜头的质量。

三、胶片照相机

目前还有少数风光摄影师喜欢用胶片照相机，因为胶片特有的“银盐”会产生照片“原汁原味”的效果。所用胶片主要是反转片，颗粒细腻、层次丰富、反差适中、色彩还原正常、饱和度高，深得专业摄影师的青睐，但由于是化学物质成像的道理，底片的质量和色彩随着时间的推移容易退化，保存性差，没有数字文件保存时间长。

第三节　取景与构图

取景在摄影中是一个非常重要的问题，只有选取到最能表现主体的拍摄方向和角度，才能更好地将被摄景物的特征表现出来，而只有采用独到的构图才可以使拍摄对象在画面中呈现引人注目的视觉效果。在前面章节中已经讲过很多基本的构图方式，在自然景观的摄影中我们可以直接套用这些模式，以获得完美的作品。

自然景观摄影的特点是视野广阔，所包含的景物也比较多，如果采取包罗万象的办法，不加任何取舍，那么画面一定会显得杂乱无章，主体不能得到应有的突出，因此在取景时，要对拍摄范围内的景物进行合理安排。为了使画面尽量简洁，在拍摄时还要注意画面中的色彩和影调的分布，注意不要让画面中色彩和影调杂乱、斑斑点点缺乏统一。在风光摄影构图中应注意如下几个问题。

一、突出亮点，烘托主题

在自然景观拍摄中应突出一个美点，使其与景物之间构成和谐的组合，使画面呈现整体美。构图方法可采用黄金律或三七律，要精心发现最佳拍摄角度。突出主题是自然景观拍摄的首要任务，只有主体形象鲜明，照片才具有强烈的视觉冲击力。突出主体的方法之一就是在构图时，将主体安放在画面的趣味中心处。另外陪体和环境在画面中应起到烘托主体的作用。

自然景观摄影中前景的运用非常重要，大前景可使画面整体美化，小前景也常为渲染、点缀和装饰画面起到很好的作用，具体采用哪种前景可视被摄对象而定。

二、利用层次，增强纵深

在拍摄自然景观的照片时，应尽量形成画面的空间纵深感。没有空间深度就不能使二维画面中的景物产生三维的空间感受。

在自然景观摄影中要善于捕捉景物的层次和空间的纵深感，景物层次有远景、中景和近景三种，在自然景观摄影中利用远近景物的层次是产生空间感的最好方法，但对于初学者来说，能够利用近景和中景或者中景和远景两个层次就够了，没有必要一开始就片面地追求更多的景物层次，否则处理不好会让照片变得杂乱无章。利用景物的透视效果也是增强画面空间深度的一种有效方法，透视能够在画面中形成强烈的大小变化，使景物在大小之间产生丰富的层次感。

在自然景观摄影中应该合理进行空间布局，可以采用借景、分景和隔景的方法，例如从门、窗、洞中向外拍摄风景，则有着隔景之趣。

三、地平线的位置

在自然景观拍摄中地平线的位置非常重要，通常地平线不要居中。如果天空中云彩等景物非常丰富的话，一般应将地平线下移；如果天空中云彩等景物稍为平淡的话，则地平线应上移。地平线一般与画面的上下边框保持平行，特别是在拍摄建筑风光时尤其要注意这一点，否则会使照片上的建筑物有倾斜之感。

第四节 光线的选择

自然景观摄影主要依靠自然光来表现。一天之中各个时段的自然光线有着各自不同的特点，不同季节和不同时段的太阳所处的位置对自然景观的拍摄非常重要，要适当地运用光线来表达自然景观的美丽。

在自然景观摄影中不同的光线给人的感受不同，顺光有明快感，侧光有灰暗感，逆光有立体感，顶光有厚重感。应该根据具体的风光，掌握好光线的运用，取其长避其短，充分表现自然景观的美丽。

色从光来，色随光变，自然风光摄影的色调实际上是色与光的交融，色与光的运用包括景物的色调与光色温的配合。在彩色摄影中，可运用不同色温的光线拍摄色彩美妙的风光。

自然景观摄影通常使用侧光、逆光和侧逆光，有时也会采用顶光，但顺光很少用。用侧光拍摄出来的照片明暗显著，轮廓清晰，立体感较强，前侧光是拍摄建筑景观的最佳光线，它能很好地反映建筑物表面的凹凸感和立体感。逆光和侧逆光适合于拍摄日出和日落，能拍出灿烂的早霞和晚霞，能拍出波光粼粼的水面。顶光常用来拍摄瀑布，但实际上，拍摄瀑布也常采用侧逆光，运用这种光线能很好地表现出瀑布的质感。而顺光所拍出的自然景观照片则显得比较平淡。

小知识：一天的光线

在阳光灿烂的晴天，黎明和黎明前后常常被认为是一天中最佳的拍摄时机，这时的光线最柔和，最动人。上午和下午时段是自然景观摄影的理想时间，这时可以拍到特别有活力的照片，但这个时候的光线一般很刺眼。如果你不得不在中午时分拍摄，那么，你可以用一块偏振镜来增强晴朗天空的效果。偏振镜能加深晴朗天空的色彩、增加对比度的效果，会使拍出的图片更加通透。在傍晚时分，光线再度变得柔和起来，拍摄条件又好了，你有可能拍到富有戏剧性的天空。如果你在阵阵凉意中拍到一些气雾，那更能增添照片的情调。

第五节　自然气象的利用

自然景观摄影虽然是静态的，但随时间、气候、光照、云层等诸多因素的影响，其面貌也处于时刻变化之中。拍摄自然景观首先要有耐心，要等到符合摄影者愿望的景色出现时再揿快门。

一般在清晨和傍晚容易拍摄到迷人的景色，此时太阳的位置比较低，画面具有立体感，阳光、云彩能够产生夺人魂魄的效果；清晨和傍晚的气温变化比较大，容易造成雾气和光线的奇景；清晨和傍晚的光线照射角度低，只要稍加选择就可以把握不同照射角度形成各种不同的效果，如果将落日或朝阳摄入画面中，便会形成富有戏剧性的梦幻色彩。但清晨和傍晚的光线一般都很弱，因此手持照相机拍摄是不可能的，应该利用准备好的三脚架进行拍摄。

暴风雨来临之前或过后的一小段时间，也是拍摄自然景观的良好时机。此时，天气的变化会使云彩变幻莫测，被认为是最难以捉摸的时刻，因而也是最富有表现力的摄影题材。不正常的气候可能会带来不寻常的云彩，这种不寻常的云彩可能产生非凡的作品，此时最好是准备一台照相机，随时准备着将这些美好的景色拍摄下来。

有时我们还可以利用自然气象等因素来拍摄自然景观，如自然界中的云、雾、烟、水等，太阳光线、彩虹、佛光等也都可以成为自然景观的拍摄对象，运用得好，可以使"景"上添花，如美丽的黄山，若无云雾就会使黄山风光逊色很多。有时在拍摄现场遇不到恰当的气候条件，摄影者可以依靠平时积累的云、雾、光晕、彩虹等底片资料，对拍摄的风光底片在印放像时加以合成，也可以达到所需要的效果。

复　习　题

1. 自然景观摄影的概念是什么？
2. 如何选择好风光摄影器材？
3. 在自然景观摄影中如何取景和构图？
4. 在自然景观摄影中如何利用光线？
5. 为什么说在自然景观摄影中，气候条件非常重要？

第七章 >>>

摄影技巧

了解了手中的照相机，开始拍摄大自然的美好风光时，也许会遇到这样一种情况：眼前的景物看上去非常漂亮，富有诗意，但是拍摄出的照片效果却不尽如人意。下面介绍几种常见自然景观的摄影技巧。

第一节　日出与日落的拍摄

旭日东升、夕阳西下是自然界中最美丽、最动人的景色，它吸引了成千上万的人们去观赏，同时也是广大摄影爱好者最喜爱拍摄的题材之一。太阳的升起和降落，时刻都在变化，要拍好日出与日落应注意以下几点。

一、拍摄时节

拍摄日出与日落的最佳季节是春秋两季。春秋两季比夏季的日出迟、日落早，更主要的还是春秋两季在日出与日落时分的云彩比较丰富，火红的朝霞和美丽的晚霞能使日出与日落的画面给人留下更多的美感。不同的云彩或者云彩遮挡太阳时的情景，都能使画面发生丰富多彩、富有诗意的变化。当太阳处于云彩边缘的位置时，云彩会出现醒目的亮边；而当云彩遮住太阳光时，阳光又会从云彩的间隙中迸发出散射的光芒。这些美景的维持时间是十分短暂的，美景一出现，就要当机立断，按下照相机的快门，如果犹豫不决，想等一等再拍，那就会错失最美好的瞬间。整个日出与日落的持续时间也是很短暂的，当决定要拍摄一幅日出或日落的照片时，首先要了解日出与日落的时间和地点，提前进入拍摄现场，根据周围环境，选择好拍摄角度，确定最佳构图，等待拍摄时机，作好拍摄前的所有准备工作。

二、准确曝光

拍摄日出、日落，准确曝光非常关键。太阳在升起或落下的过程中，光线变化很快，几乎每秒钟都在变化，所以拍摄时要根据光线变化的情况，不断地进行测光，确保正确曝光。

测光的方法是以天空中亮度适中的地方为测光点来测光，并确定曝光量，也就是说要按照天空的平均亮度测光。具体操作方法是，当把太阳作为被摄对象摄入画面时，由于太阳光很亮，应先将照相机对准太阳取景、调焦，然后再将照相机转动45°，测此时照相机镜头所对天空的亮度，取其平均值拍摄。日出与日落时的光线变化非常大，一分钟前后的曝光量都会有所不同，尤其是日出，如果不能准确及时地测出曝光量，可采用估算曝光量另加一挡的梯级曝光法来确定日出与日落的曝光量。

日出和日落的过程十分短暂，一般只有20分钟左右，因此在拍摄时注意力要高度集中。在短短的20分钟内，光线条件发生着巨大的变化，各个时刻都有其独特的美感。这就需要我们在拍摄时，时刻注意光线的变化情况，做到曝光参数与光线变化情况随时统一。

三、抓紧时机

抓紧时机对拍摄日出和日落非常重要。日出的场景不如日落的场景丰富多彩，而且日出来得快，去得也快，太阳一离开地平线，色彩就迅速消逝，所以在拍摄日出照片时，应在太阳刚刚升上地平线时就立即拍摄。而拍摄日落照片却不同，日落的时间比日出的时间长，太阳在距离地平线较远时，散射光芒才会消失，云彩效果才开始出现，当太阳落下以后，由于回光返照，余晖还会保留一段时间，大约有30分钟左右。因此拍摄日落，可以从太阳没有散射光芒开始，一直拍到太阳进入地平线以后，不再有余晖时为止，不要一看到夕阳西下，就收拾器材，准备回家，实际上在日落的过程中，回光返照的云彩往往更加光彩夺目、灿烂辉煌，应该耐心等待，随时捕捉可能出现的一切美景。

另外，在拍摄日出或日落照片时，为了能够把太阳在感光器件上拍得大一些，最好使用长焦距镜头和三脚架。如使用彩色胶片拍摄时，日出与日落时的太阳光线色温较低，光谱成分以红色为主，在这种条件下拍摄，可以不考虑色温问题，直接使用日光型彩色胶片拍摄，拍出的照片会偏红，这正好可以描绘出日出或日落时太阳的真实色彩，同时它也是观众对日出和日落乐于接受的画面色彩。

第二节　雨雾景的拍摄

当天空出现雨、雾时，拿起照相机到室外拍摄几张照片，就会发现拍摄雨雾景非常有意思。夏天暴雨过后，天空会出现奇特的景观，阳光从乌云中穿透出来，天边会出现美丽的彩虹，此时拍摄的画面别有一番风情。雾天是一种梦幻的天气，仿佛为景物蒙上了一层薄纱，使景物浓淡相间、若隐若现。雾天是形成空气透视的理想天气条件，雾天拍摄的照片给人柔和、朦胧、宁静、雅致、神秘等视觉感受。

一、拍摄雾景

雾天能拍摄到晴天无法拍摄到的景物。例如，我们在晴天想拍摄某一物体，但由于被摄物体的背景相当凌乱，走遍被摄物体的四周，选择各种角度试拍，都不能得到较为理想的画面，只好放弃拍摄。但在有雾的天气里，由于雾能遮住部分景物，使被摄物体周围的凌乱背景不至于太明显，从而达到突出主体、清洁画面的目的。

雾气弥漫之际，由于天空中的能见度较低，中、远景均被浓雾掩盖，无法看清楚物体的原貌，因而只宜采用近距离拍摄。在雾景中宜选择那些影调深暗、线条优美的景物来进行拍摄。薄雾笼罩的天气有许多题材可以拍摄，例如，薄雾缭绕的树林，在逆光或侧逆光下，能透出道道光束，使树林景色充满朝气。又如，当薄雾停滞于山腰之际，山峰便浮现于薄雾之上，构成上深下浅的优美影调，宛如人间仙境。再有，海滨公园、码头、船坞等处也是雾天理想的拍摄场地。

拍摄雾景最好使用黑白照，色调由浓变淡是雾景的魅力所在，因此拍好雾景照片的诀窍是充分利用色调深浅不同的优美线条作为景物的前景。在浓雾天拍摄黑白照片时，如想稍微减轻雾的浓度，可使用 UV 镜或浅黄色滤色镜；如果想大大减轻雾的浓度，可使用橙色滤色镜或黄色滤色镜。使用何种滤色镜没有特别的规定，滤色镜的颜色越深，雾景的气氛就越差。

雾天景物的光亮度不大、反差较小，拍摄时要正确曝光，切不可曝光过度。在雾天使用黑白感光胶片拍摄时，可采用减少曝光量，增加显影时间的办法来获得较高反差的照片。如使用黑白数字摄影时，最好使用测光表测光，准确曝光。

二、拍摄雨景

雨天，很少有人拿着照相机到户外拍摄，有人甚至认为雨景无法拍摄，却不知雨天的景物有它的独特情调，不但有趣而且富有诗意。雨中的山水、花草、树木以及在雨中奔走的行人、避雨的人们、打伞的人群等都可成为雨景中的拍摄对象，夜间淋湿的街道倒映着都市五光十色的灯火，更是理想的拍摄对象，只要掌握雨天的拍摄条件和要求，就可以拍摄出很有韵味的照片来。为了较好地表现雨点的形态，拍摄时宜使用逆光或侧逆光，选择深暗色的背景，能衬托出雨点，避免使用天空或浅色景物做背景。相机快门速度应随雨量大小和表现意图而定，一般雨量使用 1/8～1/45s 之间的快门速度，就能强化下雨的气氛了。雨量小速度慢，雨量大速度快，雨量极大时，为了避免雨中景物被雨丝蒙住，宜用 1/60s或 1/125s 的快门速度。

雨天在室外拍摄时，要注意保护好照相机遭到雨淋，通常的做法是用透明塑料袋套住照相机并开一小孔将镜头伸出，在镜头上装一 UV 镜或遮光罩，也可请人帮忙打伞。如果是在室内拍摄室外的雨景，可以在室内打开窗户向外拍摄，这样对照相机来说就安全了，但拍摄对象会受到较大的限制。有时也可以透过溅淋雨水的玻璃窗拍摄窗外的雨景，为了增加雨天的气氛，可以在室外玻璃窗上涂上一层薄薄的油，这种做法可以使雨水挂在玻璃上，形成水珠，玻璃上的水珠能渲染雨景的气氛。

雨天摄影最好采用测光表进行测光，因为雨天光线变化很大，而且雨天景物反差较小，常常会出现曝光过度的情况，所以在雨天使用黑白感光胶片拍摄时，一般都采用减少曝光量，增加显影时间的办法来改善照片中景物的反差。如使用黑白数字摄影时，最好应准确曝光。

第三节　雪景的拍摄

银装素裹的雪景是风景摄影中极好的题材，南方人很少见到大雪纷飞的场景，冬天许多人千里迢迢赶往北方的目的之一，就是为了观赏和拍摄雪景。然而拍摄雪景光有热情是不够的，光有热情只能“融化”冰雪，雪景这一特殊题材的拍摄其实有一定的难度，这也给雪景拍摄增加了趣味性。

一、拍摄雪景

雪是白色的晶体，覆盖在景物上使色调不同的物体均变为白色。雪景的特点是反光强、亮度高、明暗反差大、景物起伏较小、立体感较弱。所以在拍摄雪景照片时，一定要特别注意光线的强弱。光线的强弱要视具体情况而定，开始下雪时，地面上没有太多的积雪，天空不明亮，其光线强度一般和阴天相同；如果大地一片雪白，天空明亮但未出太阳，这时的光线与一般晴天相同；雪停了，太阳出来，这时的光线较强，大约是晴天光线强度的2倍左右。

就天气条件而言，不是任何光线都适合拍摄雪景的，阴天的散射光及顺光不利于表现雪的质感，景物前后的景深不明显，景物间缺少空间感、立体感，照片显得比较平淡。因此，拍摄雪景最好是选择在太阳刚刚出来，雪还没有溶化，光线充足的时候进行拍摄，如能赶上清晨的阳光就更好。雪是洁白无瑕的晶体，在阳光的照射下，运用侧光、侧逆光、逆光都能表现雪景的明暗层次和雪粒晶莹剔透的质感和立体感，同时还能较好地展现景物影调的变化规律。

正确曝光是拍摄雪景照片成败的关键，曝光过度会使白雪呈现一片“死白”，曝光不足又会使白雪变成灰色(这是自动曝光常常会遇到的情况)。在大面积雪景中，使用照相机内测光系统测光，根据其显示的数据拍摄雪景，一般都会曝光不足，这是因为照相机的内侧光表是按一定的程序进行测光的，它所显示的数据是综合场景中的高光部分、中间色调和阴影部分的平均光值，这在大多数情况下是可行的。但在雪景中，强烈的反射光往往会使测光结果相差1～2级曝光量，在这种情况下，可使用曝光量补偿法，酌情增加1～2级曝光量。也可以将照相机对准中间色调的物体，采取局部近距离测光，并按此时测得的数据，将照相机调到“手动”位置进行拍摄。拍摄雪景时，快门速度不要太快，一般选用1/60s

以下的快门速度为宜，快门速度太快或太慢，都无法表现雪花飘动的感觉。如果想降低白雪与暗物之间的反差，可以对暗物部分加辅助光给予补偿，或采用增加曝光量和减少显影时间的办法来解决。

拍摄雪景时，不要以天空作为背景，要选用深色调背景来衬托白雪。拍摄大场面雪景时，如有深暗色调的人物或景物相配合，则画面清晰有力，格外生动。

拍摄雪景时，还可以使用滤色镜。如果使用黑白胶片拍摄雪景，应加用深黄、橙黄或黄绿色滤色镜，以压低天空的影调，减弱雪地的亮度，使景物影调柔和。若用彩色胶片拍摄雪景，最好使用偏光镜，以吸收白雪反射的偏振光，降低亮度，调节影调，使蓝天中的白云突出，还能提高色彩的饱和度。

对于数字照相机来说，尤其要注意白平衡的调整，因为只有白平衡调整准确了，图像才能达到准确的还原效果。最好采用手动调整照相机的白平衡，因为雪景在强光的照射下对色温情况特别敏感，冰雪可以覆盖很多繁杂的细节，把一切不洁净的景物淹没在一片洁白之中，显得特别纯净。雪景还可以起反光作用，从地面上反射的光线可以提供均匀的光照亮度，特别是户外不同时间的光照和不同气候条件下的光照，得到的效果完全不同，有的圣洁高雅、不屈不挠，有的光色丰富、色调和谐。

二、拍摄雾凇和冰雕

与冰雪相关的拍摄题材还有雾凇和冰雕等。雾凇是我国北方冬季里特有的自然景观，它附在树枝上的美态犹如琼浆玉液。拍摄雾凇的最佳良机是日出前的一刻，早了雾气未散尽，能见度低，晚了雾凇会被太阳光的热能所融化。拍摄雾凇最好采用侧光和逆光，这种光线有助于表现雾凇的质感。

冰雕是北方人民的一项重要的民间艺术，也是外地游客必定会去欣赏的旅游项目，许多用于夜间观赏的冰雕用灯光或彩色射灯照明，所以又称为冰灯。大型的冰灯照明效果好，用现场光即可，只要支起三脚架，利用照相机内测光即可拍摄出好的照片。小型冰灯明暗悬殊，灯光效果不佳，此时闪光灯可派上用场，结合暗背景，从侧、逆处辅助照明其暗部，便能获得较好的拍摄效果。

第四节 夜景的拍摄

我们天天都可以见到夜景，由于夜景的光照情况复杂，因此拍摄夜景比在日光下的拍摄要困难得多，所遇到的失败次数也要多得多，这就造成了不少人误认为夜景是不适合拍摄的题材而放弃拍摄。正因为夜景较少有人能拍摄成功，才成为一个比较特殊的拍摄题材。从广义上讲，夜景的拍摄也属于风光摄影的范畴，它面对的是自然风光或建筑景观等，只是它们的光线比较弱，需要进行较长时间的曝光，必须依靠一些特殊的拍摄技巧才能完成。

夜景的光源来自灯光，在拍摄夜景照片时，首先要了解景物在夜晚灯光下的情况，白天选择好拍摄地点和角度，为夜晚的拍摄作好准备。拍摄夜景，曝光是关键，曝光过度会失去夜晚的气氛，把黑夜拍成白昼；曝光不足，景物太暗，分不清物体的轮廓，缺乏层次。拍摄曝光的方法大致可分为两种：一次曝光法和多次曝光法。

一次曝光法就是在拍摄时先用三脚架固定照相机，放置在白天选好的位置上，一次性完成取景、调焦、曝光等工作。拍摄时可以人为地补充一些光源。

多次曝光法是在天色还没有完全黑的情况下先用三脚架将照相机固定，放置在白天选好的位置上，完成取景、调焦工作。等到天色快黑，但景物轮廓层次尚可看清的时候，进行第一次曝光，曝光量为正常曝光量的 1/3，此次曝光不可过度。等到天色完全变黑，灯光全部打开的时候，再进行第二次、第三次曝光，曝光量为正常曝光量的 2/3。注意，第一次曝光后，照相机千万不可移动，否则会出现重影，具体操作最好使用快门线控制快门的开启。

不同的地区，不同的场景，夜景的拍摄方法也不完全相同，下面介绍几种夜景的拍摄方法。

一、拍摄街景

城市中心繁华地段，商家密布，灯火通明，人来人往，热闹非凡，这种场景的拍摄可采用一次曝光法，宜用 $f/4$ 光圈，1/30s 以下的快门速度(ISO100/21°)。

拍摄普通灯光下的街景时，为了渲染车辆繁忙的景象，增强照片的艺术效果，可使用长时间曝光的方法使来往车辆的灯光在底片上多次曝光，形成光亮的线条，车身此时较暗而且又在运动，不会在胶片上形成影像。拍摄方法是，先把照相机固定在三脚架上，选好拍摄角度，取景、调焦，然后盖上镜头盖，打开 B 门并锁住。曝光时取下镜头盖，曝光完毕后盖上镜头盖。用镜头盖做快门来控制曝光量，也可使用 T 门来控制曝光量。

二、拍摄焰火

拍摄节日的焰火时，使用 B 门进行一次或多次曝光，可以得到具有光亮线条的焰火。拍摄焰火关键是快门的开启，在焰火升空后，将要开花时打开快门，就能拍摄到美丽的焰火，捕捉到瞬间的景色。拍摄焰火一般可用两张底片分开拍摄，一张拍焰火，另一张拍地面的景物，印相时将两张底片合成一张照片。如果一幅照片中摄入的焰火过多，可能会造成因焰火重叠，出现构图杂乱的现象，在拍摄过程中可用黑卡纸进行遮挡来控制焰火的数量和所希望的形态。当觉得所拍摄的焰火燃放轨迹可能会太长时，可以在其燃放尚未结束时用黑卡纸挡住镜头，直至下一组焰火燃放时为止。

三、拍摄雨夜景

在雷声隆隆、电光闪闪的雷雨之夜，你可以在室外，也可以在室内将照相机对着夜空，等待时机，拍下电闪雷鸣的壮观画面。拍摄闪电的方法类似于拍摄焰火，但闪电来得突然，去得迅速，加上闪电的方位又难以准确预料，因而要求拍摄者具有敏锐的反应能力，在隆隆的雷声中判断闪电的位置和闪电出现的时刻，预先开启 B 门或 T 门，等候闪电的来临，如果看到了闪电再开启快门，就为时已晚了。每次闪电的强度不一，也给准确曝光带来了一定的麻烦，可采用多种光圈拍摄，如选择 $f/4$、$f/5.6$、$f/8$。

拍摄雨夜景时，要注意人身安全，不要在容易遭到雷击的位置上进行拍摄，还要防止被雨淋到，一方面人淋到雨后会生病，另一方面照相机淋到雨后会损坏，可以按照雨、雾景拍摄中那样保护照相机。

四、拍摄月光景

在夜晚拍摄月亮和星星时，除了要有洁净的大气、晴朗无云的天空等良好的拍摄条件外，还要考虑月亮和星星等天体在画面上的大小、拍摄所需要的曝光量和曝光过程中天体的移动等因素。如果直接以月亮为拍摄对象，其成像的大小与照相机镜头的焦距有关，焦距越长，影像越大，反之就越小。不管使用何种画幅的照相机拍摄，在底片上的月亮直径大致等于所用镜头焦距的 1/100，如果使用的是焦距为 50mm 的镜头，所拍摄的月亮在底片上的直径约为 0.5mm，小得令人失望。因此在条件许可的情况下尽可能选用长焦距镜头拍摄月亮，以获得较大、较清晰的影像，也可以在长焦镜头上再加用增距镜来获得更大的影像。还应注意的是，夜晚拍摄月亮不可长时间曝光，如果长时间曝光，月亮的移动会造成月亮的变形。

在夜景的拍摄中，如果使用彩色胶片时，我们还可以使用各种效果镜，如星光镜、彩虹镜等，以获得光芒四射、五彩缤纷的效果。

小知识：数字照相机夜景拍摄注意事项

数字照相机的影像传感器在全黑的环境中拍摄会输出一些杂乱的点状影像，这种点状影像形成的图像就是噪点图像。形成原因是，影像传感器的电子元器件内部原子无规则的热运动，产生了不受控制的自由电子，由此形成的电荷经过电路放大之后，就会输出杂乱无章的噪点图像。传感器的温度越高，电路的放大倍数越大（感光度越高），这种噪点就越多、越明显。

由于高感光度和长时间曝光都容易产生影响画面效果的噪点，所以在拍摄夜景时，应该在保持相机稳定的前提下，尽量采用低感光度来拍摄，防止照片上噪点的产生。此外，数字单反照相机通常都设置了长时间曝光自动降噪的功能，噪点最明显的区域是在照片中的暗部，而不是在最暗和高光处，所以适当的曝光不足，保持夜景天空的漆黑，反而可以避开难看的噪点，使天空显得更加空阔、干净。

复　习　题

1.自然景观摄影的概念是什么?

2.如何选择好风光摄影器材?

3.在自然景观摄影中如何取景和构图?

4.在自然景观摄影中如何利用光线?

5.为什么说在自然景观摄影中,气候条件非常重要?

6.日出与日落的拍摄要点有哪些?

7.雨雾景的拍摄要点有哪些?如何操作才能增加相片的反差?

8.在雪景的拍摄中应注意哪些问题?

9.夜景的拍摄要点和常用技巧有哪些?

第八章 >>>

科技摄影

摄影科学与其他科学一样，越来越走向各自的专业化，摄影科学的发展以及摄影技术的广泛应用，产生了科技摄影。科技摄影范围非常广泛，如广告摄影、体育摄影、建筑摄影、红外摄影等。本章就普通的科技摄影作一些介绍。

第一节　广告摄影

广告摄影照片具有形象逼真、栩栩如生的特征，是现代科技摄影在商业中的应用，所拍摄商品的广告照片构思独特、画面新颖，对人们的视觉具有极大的吸引力。目前广告摄影已被广泛运用于各种广告的媒介之中，如产品目录、产品包装，报刊、杂志的广告栏，大街上的巨幅广告牌，等等。广告摄影已成为广告宣传中不可缺少的重要手段之一。

广告摄影发展的历史并不长，但它取得的巨大效果是有目共睹的。社会上的广告摄影无处不在，它以各种极具诱惑力的画面向人们展示着商品的魅力，影响着人们的消费。广告摄影与其他门类的艺术摄影不同，它既不以审美作为唯一的目的，也不以表现拍摄者的个人情感为主旨，而是以宣传广告对象的特点、传播商业信息为动机，以迎合消费者的情趣、改变消费者的行为、追求商业促销效果为目的。因此，评价广告摄影的成功与否，就是以它对消费者影响力的大小、在商业促销活动中成绩的大小以及在广告客户中对它的评判和认同的多少来决定。

一、广告摄影的目的与要求

广告摄影是一门以传达广告信息为目的，服务于商业的图解性艺术摄影。它是一种以现代科技成果为基础，以影像文化为背景，以视觉传达设计理论为支点的表现手段。广告摄影是广告整体活动中的一部分，它用图像的形式将广告宣传意念转化为视觉图像，连同广告的标题、口号和正文等文字部分一起构成广告作品。广告摄影作品广泛应用于各种大众传播媒体之中，对人们的视觉产生极大的冲击力。由于广告摄影的拍摄对象绝大部分是商品或商业服务的项目，因而广告摄影又被称为商品摄影或商业摄影。

摄影与艺术有着非常紧密的联系，一幅优秀的广告摄影作品往往也是一幅优秀的摄影艺术作品。但广告摄影与艺术摄影还是有本质的不同，广告摄影的最终目的在于引导消费，刺激人们去购买广告照片上所展现的商品，或引导人们去做某件事情，或吸引人们去参加某些有意义的活动，等等。为了达到此目的，广告摄影照片首先应该具有强烈的视觉冲击力；其次，广告照片的表现手法应该能使观众理解宣传意图，这也意味着广告摄影是一种图解性的摄影；最后，广告照片要使观众产生购买的欲望，只有当观众理解了你的广告照片的推销意图，并产生了购买的欲望时，你的广告照片才算是成功了。

广告摄影有着卓越的纪实能力。广告摄影可以将表现对象完全而真实地记录下来，这绝非绘画或者文字等其他门类的记录手段可以比拟的。它能够让人感觉到照片上的图像是真实存在的事物，给人以极高的真实性和可信度，具有无可比拟的纪实特点，即使是经过美化处理的影像，也仍然会让人觉得该影像是自然实物的写照。广告摄影的范围非常广泛，其摄影要求也各有特点，从形态、体积来讲，它可以大到飞机、轮船、建筑物，小至丝线、微雕，等等，因而它涉及了低倍率摄影和高倍率摄影，也可能涉及高速运动体的摄影。

二、广告摄影创意

广告摄影的设计和制作过程是广告整体活动的重要部分，其中广告摄影的创意最为重要。与广告摄影直接有关的六个步骤是：第一，确认广告主旨阶段；第二，摄影画面的设计阶段；第三，拍摄和制作的前期准备阶段；第四，正式拍摄和制作阶段；第五，后期制作阶段；第六，效果测定阶段。其中第一～第三是设计创意阶段，第四、第五是实施计划阶段，第六是效果评估阶段。

摄影者在从事广告摄影时，有时是直接承接广告拍摄，这时对于如何表现产品、怎样拍摄等艺术和技术上的要求，一般是由摄影者自己构思和创作，有的是由公司的美工人员画出草图，摄影者只需按照草图的模式去组织拍摄。相比之下，前者对摄影者的要求更高，不仅要求摄影者具有娴熟的摄影技巧，而且还要求摄影者具有广告摄影构思和创作的能力。

在广告摄影的构思和创作之前，首先要明确广告摄影对象的定位，通常可以将广告拍摄对象的性质分为四种情况来处理：第一，产品投入期的开拓型广告，以创名牌、造印象为主；第二，产品成长期的竞争型广告，以突出产品的特点、优点为主；第三，产品成熟期的巩固型广告，可借助产品已具有的信誉，以树立企业形象为主；第四，产品更新换代期的衔接型广告，以突出新型号、新功能为主。定位不同，摄影表现的侧重面也应有所不同。

明确广告定位的总体思想后，在着手拍摄之前，广告摄影者通常还有两项重要的前期准备工作必须完成：一是研究产品的特征、用途与功能，以便确定广告摄影的主题、表现方式和拍摄角度；二是根据最终决定要展示的形式拟定该摄影广告的草图，这样既有利于确定照片长宽比例的画幅，避免后期加工时造成剪裁困难，又可明确摄影广告作品中所需文字的位置，便于在取景构图时留有必要的空白。广告摄影画面既要动人，又要可信，只有合情合理才能拍出好照片。

只有对产品的特征、用途和功能进行充分的研究后，才能确定广告摄影的主题，再根据主题对摄影画面进行设计，确定表现方式和拍摄角度，这就是将表现主题转化为视觉形象的过程，也是最需要创造力的过程。在这个过程中，需要我们去了解视觉形象的语言特点和摄影画面的设计要求，这是整个广告摄影中最关键的一步，需要具体解决两方面的问题：第一是表现方式的确定，对于广告摄影的表现主题来说，是采用直接表示方式，还是采用间接表示方式。直接表示方式有陈述式表示手法、对比式表示手法、夸张式表示手法、戏剧性的表现手法，等等。间接表示方式也可以细化为运用语义象征的表示手法和运用心理暗示的表示手法，等等。第二是视觉形式的确定，这是照片画面中各种最基本视觉元素的安排和组合，即画面采用何种色调、何种构图式样、何种拍摄和制作效果等。广告摄影的设计草图是在解决了这两个方面的问题后所拟出的图形，它是对摄影画面的样式和内容作出进一步探讨以及实施制作计划的依据。只有设计草图认可以后，方可进行正式拍摄。

三、广告摄影器材

广告摄影的对象包罗万象，拍摄不同的广告对象，或采用不同的拍摄技巧，对摄影器材的要求也会有所不同。下面就广告摄影中使用的照相机、镜头、感光片、灯光以及常用的设备与附件作一些介绍。

首先是照相机的选择。有的专业摄影师还是偏爱使用传统照相机。

广告摄影照片的影像通常要求具有极高的清晰度、逼真的质感、丰富的层次和细腻的颗粒度等，画幅越大的照相机对取得这些影像质量越是有保障；广告摄影的底片往往还需要进行修改和加工，大画幅的底片也有利于进行暗房的特技加工处理。正因为上述原因，一些专业广告摄影师都偏爱使用画幅在 4 英寸×5 英寸以上的大型照相机，这种大型照相机通常采用皮腔连接镜头，它的镜头往往具有升降、俯仰、旋转等调节功能，有利于对影像清晰度的控制和克服近摄时产生的影像变形等问题。对广告摄影工作者来说，大型座机是首选的理想照相机。

在业余条件下我们不可能拥有上述这些设备，因此可按下面的方法选择照相机。第一，传统 120 胶卷的画幅是 135 胶卷的 4 倍，如果只从画幅上考虑，照相机的功能以及镜头均能满足拍摄要求的话，应当首选传统 120 单镜头反光式照相机，这种照相机操作简单，调焦也非常方便。第二，传统 135 单镜头反光式照相机具有各种功能的镜头，能完成各种独特的拍摄任务。这类照相机在镜头上的选择多于 120 照相机，因此需要完成一些特殊的拍摄任务，可选择传统 135 单镜头反光式照相机。

广告上用的数字照相机与普通的数字照相机的要求完全不同，通常采用专业级的数字照相机或单镜头反光式照相机，要求功能齐全，镜头可以互换。更高级的照相机还配有数字后背，虽然价格昂贵，但图像质量相当高。主要品牌有瑞典生产的哈苏照相机（Hasselblad），该品牌的中幅专业数字照相机，技术性能已达到 2200 万像素，拥有最快捷的自动对焦系统、全彩色液晶显示屏幕，可以全自动、半自动或全手动曝光和调焦，外接 40GB 影像储存卡，大约可储存 850 张照片，如图 8-1 所示。

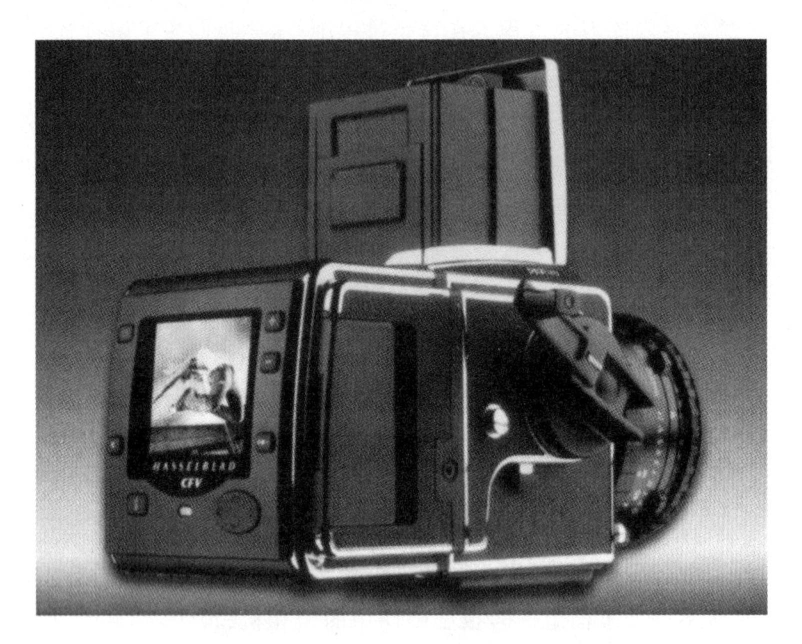

图 8-1 哈苏照相机

如果对图片质量要求不高的话，也可使用其他单镜头反光式数字照相机，如尼康 D3X 相机，技术性能已达到 2450 万像素，可以全自动、半自动或全手动调焦，使用非常方便。

除照相机以外，还要准备一些必要的辅助设备，如各种规格的感光片（120、135 胶片）、光源（包括灯泡、反光板、挡光板、柔光屏、反光伞等）、摄影平台、三脚架、云台、滤色镜、遮光罩、快门连动线 0，等等。

四、广告摄影实践

广告摄影的实践主要包括两个方面的内容：广告拍摄和后期制作。在明确拍摄目标后，对于不同的任务、不同的对象，应采用不同的表现手法，首先根据被摄物体的大小、范围和性能来确定拍摄角度和背景；其次考虑采用什么光来照明才能表现被摄物体的质感，拍摄不同产品所使用的光是不同的，在拍摄的同时还要考虑后期制作的问题。

1. 广告摄影中各类摄影题材的拍摄

木制品的拍摄主要有两种情况：一种是要求表现出木质原纹，当木质表面涂了透明漆时，透明漆会产生反射光，影响纹路的表达，拍摄这种产品要用漫射光，在光源前加一些纱布，使光线柔和，或使用偏振镜消除表面反射光。另一种是木制品表面涂的不是透明漆，无法表现其木质纹路时，可以将照明光源稍加强些，表现其造型和立体感。

陶瓷制品可根据造型需要采用不同的光源，有的需要表现陶瓷表面的花纹，有的需要强调造型。当需要表现陶瓷表面花纹时，可用柔光、平光；当强调结构造型时，可用强光、立体光。陶瓷制品的反光虽然有时也很强烈，但它们仍属于钝性反光，一般不宜采用直接光照明，否则容易产生刺眼的反光点，常用纱布遮挡光源，或者使用偏振镜。

金属制品表面形态不同，对光的要求也不同。表面无光泽的金属制品，可用集光灯加散射辅助光照明，这样做可减轻单一主光所产生的阴影；对于明亮的、有光泽的金属制品，表面有强烈的锐性反射光，可用大面积散射光照明。

丝织品和棉织品的服装，有与木制品类似的特征。丝织品服装表面有反光，棉织品服装没有，但不管有没有反光，一般均以柔和光为好，强光有损质感的表达。丝织品拍摄通常采用主光加 2～3 只散射辅助光，以减小反差，使画面柔和；棉织品拍摄也采用主光加 2～3 只散射辅助光，但其中一个辅光为逆光，勾勒出服装的轮廓，如两个侧光同时使用就能更好地展现面料的质地。

毛皮制品，如毛皮服装、皮质座椅等都是比较难拍摄的对象。高档毛皮与低档毛皮的差异，在照片上难以区分，拍摄黑色毛皮服装时，要使用丰富的照明，除使用 1～2 只聚光灯外，还应使用多只散光灯，曝光要充足，否则无法再现毛皮制品的质感与细节。拍摄浅色毛皮服装相对要容易一些。

对于大型产品，在物距 3m 以外尚不能摄取全景者，就一般条件而论，最好用自然光，因为大范围的被摄物体要使用灯光照明很困难，只有在必要时，使用灯光给以适当的辅助。利用自然光拍照时，要使用三脚架，慢速度，甚至要用 B 门。不能消除或甩掉的背景就把它们全部拍摄下来，后期加工时再对这些杂乱无章的背景进行处理。

2. 实物投影印相

有些透明物体或半透明物体可以直接用投影的办法取得底片或照片，不用照相机拍摄，如一些玻璃制品、琼脂培养器皿，等等。投影方法如图 8-2 所示，用放大机作投射光源，将实物放在放大板上，欲得底片，就将负片放在放大板上，将实物放在负片上；欲得照片，就将照相纸放在放大板上，将实物放在照相纸上。曝光时将放大机的灯箱位置调得高些，光圈小些，这样影像的边缘清晰，景深大，与实物等大；若灯箱距离近，光圈大，影像大于实物，边缘会有光的干扰。如果用负片投影，应在负片下面放一张黑纸，以免得放大板的反光造成光晕。

在投影过程中可以进行一些特技加工，如采用遮挡、重叠等方法，与放大照片一样，进行二次曝光，用这种投影方法制造出来的玻璃仪器照片，边线是黑色线条，比用照相机拍摄的效果还要好。

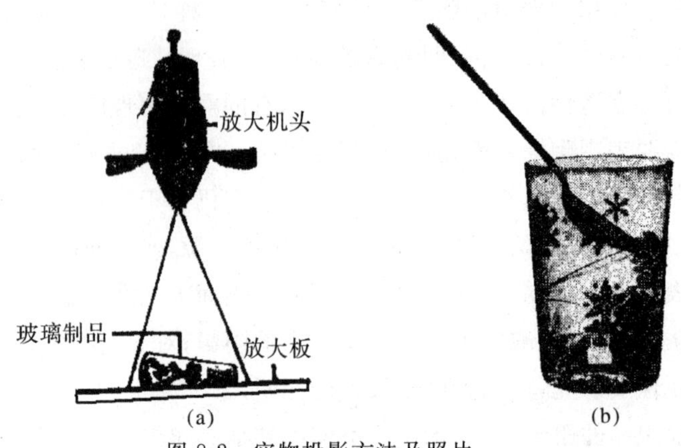

图 8-2 实物投影方法及照片

(a)实物投影方法；(b)实物投影照片

3.后期加工

广告摄影的后期制作对作品的效果也有很大的影响，目前照片的后期数字图像加工处理方面的服务已经非常完善，几乎在任何大中城市里都可以找到专业的广告公司代为加工。在大多数情况下，经过社会化专业服务部门制作的影像，质量是有保证的，但这仅仅只能取得一般的效果，对一些特殊要求，这些部门就无能为力了，即使他们能够将所拍摄的作品经过特殊处理，也会因为广告公司的水平不一，不能取得理想的效果。作为一个专业的广告摄影工作者，应明白作品后期制作加工的重要性。

目前在广告摄影的后期制作中，能对画面的效果产生显著影响的后期制作主要有电子暗房特别处理、照片的再加工、电脑数字处理和印刷制版过程中的技术处理四种类型。这些加工技术中有些非常复杂，我们就不作介绍了，一些简单的加工技术将在后面的数字图像处理中介绍。

进入电脑时代以来，用电脑这一功能强大的高科技术取代传统的广告摄影后期加工制作成为一种必然趋势。电脑数码影像处理系统有比各种传统方式要多得多的加工技术和处理手段，借助图像处理软件，电脑对于各种画面效果的处理几乎无所不能，并且操作过程方便、迅速，对效果的控制也更加精确，经过加工和处理之后的影像质量也更好。

第二节　体育摄影

体育摄影是对运动体的摄影，是在被摄对象运动过程中进行拍摄的。体育比赛竞争激烈，扣人心弦，运动员表现出来的力量、速度、难度等高超技艺，令人震撼，运动员的健美身姿给人以美好的享受。体育摄影作品受客观条件的限制，竞技气氛激烈，主观干预较少，真实可信度大，没有摆布生造的痕迹。体育摄影或许是摄影领域中难度最大、不可预测因素最多、技巧运用最多的一种摄影。在体育摄影中，运动体位置变化非常快，摄影者很难预测、计划或提前安排好理想中的画面，尽管有极强的构图能力，有相当丰富的运用光线造型能力，如果没有及时到位地作好准备，一切精彩的瞬间就会立即消逝，甚至在画面上都找不到想拍摄的人影。它的拍摄难度要比拍摄静态物体大得多，因此体育摄影是一种最能引人入胜的摄影。

精彩的体育照片令人激动，但精彩镜头的诞生却不容易，为了记录一个梦寐以求、摄人心魄、充满动感的镜头，拍摄者常常要废寝忘食地置身于体育场内，守候在赛道旁，甚至冒着生命危险奔波于惊涛骇浪之中，攀登到悬崖峭壁之上，肩扛手提摄影器材来回跑动，不断地改变拍摄位置和拍摄角度。对于那些大场面，综合性的体育运动赛事的拍摄更是如此，拍摄者要有敏锐的反应能力，能在瞬息万变的动态中及时捕捉到富有价值的画面，按动快门将它们记录下来。

优秀的体育摄影作品凝结了作者的汗水、智慧和摄影技能，它的作用和含义不只是表现竞技运动本身，还在于体现运动员努力拼搏、奋勇争先的精神，表现运动员在竞赛中的各种心态，对胜利的企盼、成功后的喜悦、失败后的沮丧等画面，以此揭示出成功的艰辛，让人们在被照片感染之余还备受启迪，领悟到一些人生的哲理，以此激励人们奋发向上。

一、体育摄影器材

体育摄影是摄影中最具有特性的题材之一，由于其特殊性，所以对器材有不同的要求。通常体育摄影必备一个可换镜头的照相机，常用的镜头是一只80～250mm左右的变焦镜头，它能应付大多数体育项目的拍摄。在体育摄影中，摄影者一般不能充分地接近被摄体，因此，望远镜头对体育摄影非常重要，没有望远镜头，就难以拍摄远处运动员的竞赛内容，如想拍摄大的竞赛场面或大型团体操之类的画面，只需要一个28mm左右的广角镜头。其他必备的设备还有三脚架、闪光灯、快门联动线、遮光罩，等等。

二、体育摄影的快门速度和聚焦

1.体育摄影的快门速度

体育摄影的快门速度应与运动体的运动速度一致，体育项目的运动速度各不相同，因此，快门速度也有差别。快门速度的运用不外乎有三种情况：一是快门速度快了，二是快门速度慢了，三是快门速度适中。“快了”、“慢了”和“适中”对不同的运动速度有不同的标准，我们可以根据不同的意图去选择相应的快门速度。

快门速度快了，会使运动体的影像“凝固”，其优点是运动体的影像被清晰地记录下来，缺点是影像的动感不足。“凝固”的影像往往擅长于表现运动体的优美姿势，要想取得这种效果，可采用照相机中的最高快门速度。一般快门速度为1/1000s以上称高速快门，为了使选择更加简单，不管拍摄什么运动体，只要使用照相机上的最高快门速度就可以了，如1/2000s或1/4000s以上的高速快门均可。

快门速度慢了，就会使运动体产生虚糊的影像，其优点是具有强烈的动感，缺点是对运动体的细节甚至运动的姿势无法表现，或者是表现不清。一幅影像虚糊的体育照片，能再现出快速运动体在我们眼前飞驰而过的情景，它的表现力不在于运动体本身的形象，而在于表现出强烈的动感。欲取得这种效果，可采用低速快门，快门速度为1/60s以下称低速快门，这种快门速度的选择比较复杂，必须根据不同的体育项目选择不同的快门速度，体操运动1/8s是慢的，奔驰的赛车或百米冲刺1/60s是慢的。

快门速度适中能使运动体的影像虚实结合，运动体中动感强烈部位呈现虚糊状，其余部位较清晰。这种影像的优点是既能表现出运动体的面貌，又能表现出运动体的动感，从理论上看似乎是理想的，但实际运用起来很难把握，因为它具有较大的机遇性，且不说各种体育项目的运动是千变万化的，即使对于同一项目、同一对象来说，使用同一快门速度在不同的瞬间拍摄，效果也会不同。因此，想要得到快门速度适中的效果时，可采用中速快门，速度为1/60～1/1000s之间为中速，这种快门速度是摄影者平时普遍使用的快门速度，应用在体育摄影中，还需要不断地实践，不断地探索，找出规律，提高拍摄时的成功率。

2.体育摄影的调焦

拍摄静态物体时，摄影者有充足的时间可以反复进行调焦，需要的是细心和耐心，但是体育摄影不允许慢慢地调焦。可根据不同的体育项目，分别采用下面三种调焦方法。

(1)定点调焦法　定点调焦就是事先找准某一替代物体作为调焦对象，先调好焦，在实际拍摄时就不必再去调焦了，只需要在运动体进入拍摄的位置时，聚精会神地抓住精彩的瞬间即可。这种方法适用于能够断定运动员必定进入设定的拍摄位置时采用，如短跑、接力、跨栏、跳马等。

(2)区域调焦法　区域调焦就是根据所需要的景深进行调焦，当需要的景深包括“∞”时，可以利用超焦距的调焦方法。这种方法适用于拍摄有把握确定运动员必然在某一范围内活动时采用，如跳高、跳远、推铅球、单双杠、跳马等。

(3)追随调焦法　追随调焦就是跟踪调焦，它是利用照相机的调焦系统不停地对运动体进行调焦，从理论上说，这种调焦方法是最理想的，但这是一种难度最大的调焦方法，对于非自动调焦相机来说，掌握这种调焦技术需要大量的实践和敏捷的反应能力。

在体育摄影中，许多项目的拍摄是在被摄对象快速运动中进行的，因此，定点调焦法、区域调焦法和追随调焦法都有用武之地。

三、体育摄影的实践

体育摄影在多数情况下，应着重突出画面上主体的造型，表现运动员的拼搏精神。

1.田径项目的拍摄

田径项目包括田赛和径赛，径赛是跑步类的项目，有短跑、中长跑、长跑、接力、跨栏等，田赛分跳跃类和投掷类项目，跳跃类项目有跳高、撑竿跳高、跳远、三级跳等，投掷类项目有铅球、铁饼、标枪、链球，等等，不同的项目有不同的拍摄要点，采用常规的拍摄方法拍摄时，技术要点分别叙述如下。

(1)跑步类项目　跑步类项目的起跑和冲刺是拍摄的重点，拍摄地点可以选在起点的跑道两侧和终点的位置，发令枪一响，运动员右腿冲出、左脚刚刚蹬离地面的瞬间是十分富有表现力的，应尽量去捕捉这一精彩的瞬间；在距终点5～6m的地方，可以拍摄到运动员们竭尽全力作最后冲刺的感人场面。无论是哪种径赛项目，一般在跑完全程的3/4后，是最有可能出现戏剧性场面的地方，可以重点进行关注。在田径场内拍赛跑，如能接近跑道，可用标准镜头或者广角镜头拍摄。想要单独表现运动员的特写镜头，需要使用70～200mm的变焦距镜头，用这种镜头拍摄运动员赛前的紧张神情、有趣的准备动作以及赛后胜利的喜悦，都是很合适的。

(2)跳跃类项目　跳跃类项目的跃起是拍摄的重点内容，拍摄地点可以选在运动员的正前方或侧前方的位置。拍跳高时，着重拍摄运动员跃上横杆的一刹那；拍跳远时，重点拍摄运动员跳起腾空的动作，尤其是刚刚腾空时，容易拍到姿态优美的照片，三级跳远时，拍摄的重点应选在第三跳的区域内，第三跳是三级跳最具有代表性的动作。

(3)投掷类项目　投掷类项目的拍摄重点是被投掷物脱离运动员的那一瞬间。推铅球最富有表现力的瞬间是运动员弯腰屈体、转身滑步的动作，掷铁饼可选择运动员预摆姿势、身体旋转和铁饼刚刚出手的瞬间，标枪运动最具有代表性的瞬间是运动员手持标枪大步冲向投掷线的那一瞬间。

2.球类项目的拍摄

球类项目包括篮球、排球、足球、羽毛球、乒乓球等，这类体育项目的拍摄多以全景和特写的形式出现。篮球比赛的最理想拍摄地点是场外靠近全场中心附近，这些位置对拍摄投篮、盖帽、争球等动作都非常有利。排球运动的发球、传球、拦网、扣球、垫球、鱼跃或侧向救球等动作都是排球运动的特点，要把握好拍摄的机会。足球运动中，进攻队员的凌空射门、倒勾射门、头顶甩球，防守队员的阻挡拦截，守门员的鱼跃扑救，双方运动员你争我夺等精彩场面，都是足球运动值得拍摄的瞬间。乒乓球运动的速度快，战术变化多，运动员的风格、打法各异，因此，要先了解运动员的技术特点，才能拍出乒乓球运动员的个性，运动员的发球、攻球、守球和两个运动员对打等全景，都是理想的画面，宜用中景表现。

3.其他运动项目的拍摄

其他运动项目包括体操类运动项目和游泳跳水类项目，体操项目有单杠、双杠、吊环、鞍马、跳马、自由体操、高低杠、平衡木，等等，体操运动员优美的身姿和高难度的动作都是拍摄者喜爱的拍摄对象，但这类运动项目只能采用望远镜头拍摄。

游泳跳水类项目有自由泳、蝶泳、蛙泳、仰泳、跳台跳水和跳板跳水等，运动员蛟龙入水、空中翻腾的瞬间，都能让拍摄者拍出精彩的照片。

第三节 建筑摄影

建筑是人类的亲密伙伴，从繁华喧嚣的都市，到偏僻宁静的村寨，凡有人烟的地方，都可见到建筑的身影。建筑又像一部博大精深的史书，它记载着人类的勤劳与智慧、地域的富庶与风雅、民族的荣辱与兴衰。

中国的古代建筑，在世界建筑史上独树一帜，光彩夺目，充分表现了中华民族的智慧和骄傲，蕴涵着中国人特有的情调和韵味。中国的近代建筑，更是呈现出中西合璧、古今结合、南北交融的格局，洋溢着时代的气息，为摄影艺术创作提供了无比广阔的题材，也给摄影者带来丰富的灵感。

建筑摄影充分运用了摄影艺术的表现手法与技巧，通过独特的视觉语言，展示千姿百态的建筑世界以及建筑群体的艺术风采，透过摄影作品，使建筑物成为永恒的平面，并广为传播，与人共享，这便是建筑摄影爱好者共同的使命与追求。

一、建筑摄影的内容、特点和分类

建筑摄影顾名思义，主要记录和表现的对象是各种建筑，以及由建筑物的存在而产生的空间关系和状态，它包括对三维建筑的结构、细节、尺度、材质以及周围环境等方面的摄影。

建筑摄影是将大型三维建筑物的外观完整地记录到二维平面上，让每个人都可以在平面上欣赏到建筑物在各个角度的三维美景。

建筑摄影具有一个非常重要的特点，那就是被摄景物是一个或一群高大的、静止不动的、轮廓线条明显的，而且具有一定纵深和布局规律的几何物体，对此景物的拍摄，有一定摄影技术和精度的要求。建筑摄影可分为以下三种类别。

1. 景观建筑摄影

景观建筑摄影又称近似建筑摄影，这种摄影常常用于资料收集、成果介绍、旅游观光等，有时在研究建筑物，以及对建筑物修复时也会采用这种摄影方法。景观摄影的比例一般是 1∶50～1∶200，这是一种景物观赏性的摄影，基本上属于非测量性的摄影，它是建筑摄影中应用最为广泛的摄影。

2. 低精度建筑摄影

低精度建筑摄影是一种带有低精度测量性质的摄影，主要用于建筑物、室内装饰、建筑样品等物件的摄影，在建筑物的研究，以及对建筑物修复时常常采用这种摄影方法。摄影比例为 1∶10～1∶20，通过这种摄影，可以绘制该建筑物的立面草图和平面草图。

3. 高精度建筑摄影

高精度建筑摄影是一种以建筑物为目标，带测量性质的摄影。它具有较高的精度，这种摄影主要用于建筑雕刻、建筑塑像、建筑壁画以及古建筑群的研究、修复和保护。摄影比例为1：1～1：5，根据它可绘制成精度较高的平面图、立面图和剖面图，并可测定建筑物在任意点的空间坐标。

建筑摄影对摄影技术和影像品质方面的要求比例苛刻，无论构图、色彩还原、光线控制还是清晰度、透视、景深，几乎所有有关摄影影像的评判标准均被要求以极高的水准来完成。

二、建筑摄影的构图

建筑摄影是利用摄影的透视特性和造型手段在一个给定的画面内，以最深刻的表现力来描述客观存在的建筑实体，所表达的画面结构形式叫做建筑摄影构图。建筑摄影构图不只是发生在摄影的瞬间，而是发生在整个摄影的过程中，特别是在摄影后期的制作过程中仍具有相当重要的作用。

1.摄影构图的基本原则

建筑摄影构图的因素很多，其基本原则应具备以下三条。

(1)画面主题思想明确，主题建筑物应放在突出的位置上

在建筑摄影的画面中，主要物体应是建筑物。在结构上主题又称为主体，主体是表达主题思想的主要被摄对象，自然应当成为画面结构的中心，占据画面的主导地位，形成画面的趣味中心。画面中的其他要素，如前景、背景以及建筑物周围的环境，应当处于烘托主体或与主体相呼应的位置，它们不能与主体平分秋色，更不能喧宾夺主，处理好主体与陪体之间的关系是建筑物摄影的一个基本原则。

(2)建筑摄影的画面应具有引人入胜的视觉中心

在建筑摄影的画面中应该有一个能吸引人们视线的中心点，即"视觉中心"，它是人们在视觉心理上最感兴趣的中心点，故称为"趣点"，趣点的表达要正确。画面的视觉中心与几何中心并不重合，视觉中心即为黄金分割点，在建筑摄影中，要将画面中感兴趣的物体——建筑物放在此点，来提高大家的注意力。三分法能很好地展现建筑物的特点，所以在多数情况下都采用这种方法来构图。

(3)建筑摄影的画面在结构上应稳定

人们需要一种安定、舒适的环境，因而在观察物体或者画面时，自然会反映出人的这种本能，因此在建筑摄影中，应力求画面的稳定。

建筑摄影构图画面稳定的基本内涵是指构成景物的水平线条和竖直线条应尽可能地处在正确的位置上，景物中的竖直线，在画面上一定要竖直，景物中与画面平行的水平线，在画面上一定要水平，否则会造成建筑物倾斜的感觉，如要追求不稳定的效果，那就另当别论了。"稳定"的另一层含意是利用画面适当的影调对比来平衡人眼的视觉感受，同时还可以突出画面所要表达的主题。

2. 画面布局

运用摄影构图的基本原则，突出主题和最大限度地增强画面的感染力，将被摄景物合理地安排在有限的画面范围内的设计叫做画面布局。一般而言画面的布局应处理好以下几个要素。

(1)趣点　趣点是人眼视觉感受最强烈的位置，因此应突出主要的被摄建筑物。如果以某一建筑物作为主体时，应尽量使其位于画面的趣点之上或附近，成为画面中最为引人注目的部分，而其他部分则作为呼应和补充。这样的安排，主次分明，不会使画面结构零乱。

(2)环境　在建筑摄影中，建筑物的外貌一般或多或少地包含了部分环境，通过这部分环境来衬托建筑物的某些特征是拍摄建筑物外观时需要考虑的另外一个问题，不能忽略周围环境对建筑主体的映衬和烘托作用。这里所说的环境，是指被摄建筑主体周围的林木花草、山丘河流、平原大漠、云彩绿茵、相邻建筑等。主体建筑正是在环境的映衬与烘托中，才有了比较和参照，才显示出与众不同的品格和风采，因此环境是建筑整体中不可分割的一部分。主题所在的环境作为画面内容的组成部分，对主体、情节起补充衬托的作用，以加强主题思想的感染力。这些组成部分，处在主体前面的景物称为前景，处在主体后面的景物称为背景。

前景是指构成画面主体最前面的景物，它是画面主体环境中的重要组成部分。在建筑摄影中，设置前景是为了加强画面的空间纵深感，使整个画面构图的形式多样化，透过前景可突出主体，均衡画面的内部结构，增强画面的装饰气氛。前景可设在画面的上缘、下缘、主要物体的一侧或两侧，也可安排在画面的一角或四周，将画面“框”起来。能够成为前景的景物很多，如树木、花草、门洞、水面、道路、广场……前景应与画面所表现的内容有一定的内在联系。利用前景，既可以增强画面的艺术观赏性，又可增加画面的景深，因此前景的运用既要大胆又要细心，要用得恰当、用得巧妙，如果不加选择地乱用，反而有可能喧宾夺主或画蛇添足。

背景是衬托主体用以指明和加强主体所处环境的景物，它对突出主体形象和丰富主体的内涵起着重要作用。背景的选择应注意以下三点。

①要选择具有含地方特色、季节特色或者有时代特征的景物作为背景，明确主体所处的时间、地点和环境。

②力求背景简洁，以利于突出主体。

③应尽可能地利用对比的表现手法，使主体的轮廓线清晰，具有立体感和空间感，以增强视觉的感受。

背景的处理是建筑摄影画面结构的重要环节，在实际拍摄时应对背景精心比较和选择，充分运用摄影技术，使画面精炼而准确，使视觉感受得到完美的体现。

(3)空白　空白是指摄影画画上实体景物以外的空余白色部分，它们由单一色调的背景所组成，形成实体景物之间的空隙。单一色调背景可以是天空、水面、草地、路面、墙面等或其他类似的景物。摄影技术的应用可使杂乱的实体背景失去原实体轮廓而形成单一色调,使主体周围留下一定的"空白",让主体更为醒目和突出。但空白的留取一定要恰当,即在画面上所占面积的比例要合适,这样才能使画面显得更为生动。

三、建筑摄影的要点

1. 正确使用光线

光线是视觉之源,是摄影艺术的灵魂。摄影艺术究其本质而言,就是一门创造性地运用光线进行写实的艺术。恰当地运用光线,不仅能在作品中精确地描述被摄景物的形象、色彩和质地,而且还能在抒情写意方面也有所表现。

光线与天气有着密切的关系,不同的天气形成不同的光照效果,并且随着时间与季节的变化,光线的强弱、方位、聚散、刚柔、色温也跟着变化。

无论是在室外还是在室内,自然光是大多数建筑摄影的主要光源。在室外拍摄时,可以通过在照相机镜头前加用滤色镜的方法来修正效果;在室内摄影时,为了降低自然光照明的反差,可以使用摄影照明设备补充光线的不足。

拍摄建筑物的具体时机取决于光照条件。自然光线的照明状况对画面效果有着决定性的影响,某些建筑物只有在某个季节、某个时辰、某种气候条件下才会体现出最佳的视觉效果。因此,在建筑摄影中,关注光线的变化及其性质是非常重要的,当建筑物的主要立面受到光线的照射时,就是我们拍摄的最佳时刻。

拍摄建筑景物时,如果是晴朗天气的直射光照明,可以通过阴影,使被摄对象有明有暗、色彩鲜明、具有立体感与纵深感,能充分展示建筑物的阳刚之美,给人以清新明快的感受。当阳光被云彩遮挡时,形成了具有方向性的散射光照明,用来拍摄中近距离的建筑景物或建筑物的局部,可获得影调层次丰富细腻、色彩饱和效果的图像,显现出阴柔之美。建筑物的最佳拍摄时间应该是上午 9:00～11:00 或者下午 3:00～5:00,在这段时间里,建筑物的影像具有良好的立体感。

2. 拍摄点的选择

为了表现出建筑物的影像具有"立体感",避免构图的单调对称性,除对某些特殊的要求,采用正(背)面构图外,一般都采用侧面构图方式。这种构图方式,能展现建筑物的两个表面,可以充分体现出建筑物的空间透视关系。

对于高大建筑物的拍摄,拍摄点应尽量升高和拍摄距离应尽量远一些,一般都借助于人字梯或邻近的建筑物,登高拍摄,拍摄距离有限时,可使用广角镜头或变焦距镜头,调至最小焦距来拍摄。

3. 拍摄的角度

在建筑摄影中,除了选择合适的拍摄点外,还必须选择合适的拍摄角度。角度选择是决定画面总体效果极为重要的因素之一,也是摄影者创作思维活动的主要表现。角度选择贯穿于整个拍摄的过程，这时我们可以对被摄对象进行观察、研究，作出取舍的决断。同样一座建筑景物，用不同的视角去拍摄，就会造就出不同的画面，给观赏者不同的感受。角度还具有夸张的作用，它可通过拍摄视点高低的变化、远近的变化，来改变建筑物在画面上的大小。另外，随着拍摄角度的变化，自然光照明的位置与被摄景物的明暗配置也会跟着变化，这些都会影响到拍出画面的总体效果。要想获得新颖别致、不落俗套的画面，就不能不在拍摄视角的选择上下一番功夫。

拍摄角度虽然千变万化，但仍有规律可循。角度的变换主要通过拍摄机位与被摄景物之间的方向、距离和高度三个要素来选择与控制，使用不同焦距的镜头来实现。

第四节　红外摄影

红外线是我们肉眼看不见的光线，所以红外摄影属于非可见光摄影。由于非可见光摄影的效果同所见的景物有很大的差距，因此这种摄影又称为伪彩色摄影。红外摄影主要用于科研和军事领域中，目前也被用于艺术创作之中，同时它还被用于一些特殊的领域，如公安部门用它来拍摄肉眼难以看清的罪犯留下的痕迹，在医学、航空、植物、考古和水文等部门也利用红外摄影技术，解决一些难题，红外摄影已经被广泛地应用于科技摄影之中。

红外线是电磁波谱中的近红外部分，其波长为700～900nm，波长更长的远红外线由于大量的被大气层吸收而变得十分微弱。物体对红外线的吸收与反射有很大的不同，同样是绿色树叶，叶绿素含量的多少会明显影响树叶对红外线的吸收与反射。肉眼看上去颜色类同的树叶在红外摄影中的效果却不一样。与可见光相比，红外线还具有折射率小、透射率大的特点，它不受大气中雾粒散射的影响，可在大气中没有损耗地进行直线传播，因此红外线适合于远距离摄影，特别适合于航空摄影。

红外摄影的艺术作品具有陆离奇幻的色调与色彩效果，能给人一种崭新的视觉感受，因此，不少摄影爱好者对红外摄影都望而生畏，总认为它是一种高深莫测的摄影。其实，只要对红外摄影的常识稍作了解，红外摄影并不神秘。红外摄影与一般摄影有四点不同之处。

一、感光材料

红外感光材料分为黑白胶卷和彩色胶卷两种，它们和普通的胶卷完全不一样。

黑白红外胶卷最常用的是两种型号，它们都是135胶卷。一种是柯达高速黑白红外胶卷，它能感受的最大波长是840nm，日光下的感光度约为ISO 80；另一种是柯尼卡750黑白红外胶卷，它能感受的最大波长为750nm，日光下感光度约为ISO 32。黑白红外胶卷的冲洗药液与普通黑白胶卷的冲洗药液相同，采用D76显影液原液时，在20℃显影11min；采用1∶1稀释液时，在20℃显影13～18min。用D76药水冲洗的黑白红外胶卷反差较小，需要用4号相纸印放；如用高反差显影液显影，则可用2号相纸印放。注意：在黑白红外胶卷显影时，是不能采用绿灯观看显影效果的。

彩色红外胶卷常用的是柯达埃克塔克罗姆2236红外胶卷，这是一种彩色反转片，感受的最高波长为900nm，日光下的感光度约为ISO 200。这种彩色红外胶卷有三层感光层，即绿色感光层、红色感光层和红外感光层。绿色感光层形成黄色影像，红色感光层形成品红色影像，红外感光层形成青色影像。这种胶片成像情况与通常的彩色反转片不同，所产生的彩色影像也与通常的彩色片不同，彩色红外胶卷产生的景物色彩与肉眼看到的景物色彩完全不同，这种胶卷也称伪彩色胶片。彩色红外胶卷通常采用E－4彩色冲洗药水和工艺。要注意冲洗过红外胶卷的药液不能再用于冲洗普通的彩色反转片，否则会使普通的彩色反转片受到污染。

红外感光材料的有效期一般都非常短，通常不到1年，因此，红外胶卷最好根据需要随时购买，随时使用，同理，红外胶卷拍摄完后应立即冲洗。如果购买的红外胶卷不想立即使用，最好放到冰箱的冷冻库中储藏，需要使用前再将它拿到室内回温8小时。底片处于冷冻状态时不要使用，否则会造成影像全面泛灰。

红外摄影的直观效果与全色片摄影效果是不一样的，它是按红外线的反射、吸收规律来反映被摄物体的，它可以把绿色树叶拍成白色。用于医学摄影时，它可以透过皮肤，把静脉血管拍摄出来，它还可以在黑暗中拍摄，用于军事侦察方面。红外线在空气中的穿透能力很大，用它拍摄远距离的物体比普通摄影要清楚得多。

二、光源与滤色镜

虽然有专门用于红外摄影的专业照相机，但是，使用普通的照相机也可以进行红外摄影，但在拍摄时应该加滤色镜。在自然光下摄影时，由于红外胶卷的感光乳剂本身对紫蓝光线也是敏感的，因此，为了确保红外摄影的效果，在拍摄黑白红外胶卷时务必使用滤色镜，用以完全阻挡紫蓝光线进入镜头，如果不用滤色镜，其效果就会类同于普通的黑白全色片，从而失去了红外摄影的意义。为了遮住300～500mμm的紫蓝色可见光线对红外线的冲击，拍照时常常使用深红色滤色镜(如雷登“87”)，加用滤色镜后要增加20～30倍的曝光时间。人工光源，如摄影灯泡、钨丝灯都具有丰富的红外光线，因此在灯光下拍摄黑白红外胶片时也要加滤色镜。在黑暗中使用红外胶片拍照，无需加滤色镜，因为这时已经没有可见光了。

三、焦点距离

普通照相机的镜头是为可见光设计的，红外线的折射率比可见光小，焦点距离比可见光的焦点距离远。使用普通照相机拍摄红外胶卷，不能使用原取景调焦机构，因为红外线的结像点远于目视清楚点，也就是说，当我们使用原取景调焦机构时，肉眼看清楚了被摄物体，但红外线的焦点仍要向后延伸，如果所用滤色镜是两层玻璃的，还要按滤色镜厚度的 1/3 向后延长，或加滤色镜后重新对焦点。

如果照相机的镜筒上标有红外聚焦标记“R”，使用时就方便多了，聚焦时，只要先将镜头对着物体调焦，然后将该聚焦距离对准镜头上的红外聚焦标记即可。值得注意的是，各种相机对红外聚焦标记所依据的红外线波长不统一，因此，即使用了红外聚焦标记，也不能完全依靠它，只能把它作为一种大致的标记。实际上，在红外摄影中我们应该尽量使用小光圈来拍摄，以弥补聚焦的不足。

四、红外摄影的曝光

红外摄影的曝光是一个比较难的问题，主要原因是红外胶卷上标出的感光度只是在某种特定条件下的曝光参考数据，它会随着光线的情况和被摄对象的不同而发生变化。把标在胶卷上的感光度调定在测光表或者照相机内测光系统上，其测光值对红外摄影是不适用的，这是因为除了上述原因外，测光表只对可见光有效，对红外线并不敏感。

柯达黑白红外胶卷的使用说明中指出，使用雷登 25 深红滤色镜时，晴天只要有阳光，无论清晨、中午还是傍晚，拍摄远景用 *f*/11、1/125，拍摄近景用 *f*/11、1/30。在钨丝灯光下拍摄，因为钨丝灯发光时含有较多的红光，也就是意味着红外胶卷的感光度在钨丝灯下要提高一倍，那么，光圈应缩小一挡，按照这种指南，并采用梯级曝光法拍摄，试拍几张照片后，从中找出规律，就能掌握红外摄影的曝光方法。

复 习 题

1. 广告摄影的目的和要求是什么？
2. 广告摄影对摄影器材有什么要求？
3. 广告摄影的创意和常用表现方式有哪些？
4. 金属制品和陶瓷制品的拍摄要点是什么？
5. 体育摄影中相机快门速度与运动体之间的关系是什么？
6. 体育摄影中的聚焦要点有哪些？
7. 建筑摄影分为哪几类？各自的特点如何？
8. 建筑摄影构图的基本原则是什么？
9. 建筑摄影如何正确使用光线？
10. 红外摄影的特点是什么？红外感光胶片如何选择？
11. 红外摄影如何进行正确曝光？

第九章 >>>

数字图像处理

在数字化浪潮扑面而来的今天，数字技术和数字化产品越来越多地影响着我们的生活，摄影领域也不例外。数字摄影技术是集计算机、影像传感技术和图像处理软件于一身的高科技数字图像处理系统。数字摄影虽然发展历史不长，却以独特的魅力改变着传统的摄影观念、摄影技巧和摄影方式。这种崭新的数字摄影系统，主要运用数字信息处理手段，在影像的摄取、制作与运用等方面比传统摄影手段更灵活、更简便、更有效，其发展前景不可估量。

数字照相机可以即拍即现，对不满意的照片可以随时删除再拍，省去了不断购买胶卷、冲洗、印相等步骤，还能直接在电脑中进行编辑和传递，增加了摄影者无穷的乐趣。同时可以通过数字打印设备或数字冲印设备获得数字照片，也可将数字照片印制在多种介质上，做出十分有个性化的“产品”来，若再辅以数字激光打印机，更能显示图像处理方面的优势。

数字摄影技术结合数字打印机能在明室中出色完成传统暗房的全部工作，所获得的照片质量也非常高。

第一节　数字图像处理系统

数字摄影在完成影像的拍摄任务后，先要对图像进行修改和加工处理，然后打印或冲印成照片，这一系列的设备构成了数字图像处理系统。数字图像处理系统由图像输入设备（数字照相机、扫描仪、数字摄像机等）、图像处理设备（计算机）和图像输出设备（图像打印机、光盘刻录机、电视机等）三部分构成。该系统的构成序列如图 9-1 所示。

一、图像输入

要把数字图像交由计算机进行图像处理，首先要将数字图像数据输入到计算机中。输入方式一般有数字图像输入、图片扫描输入、视频图像输入三种。

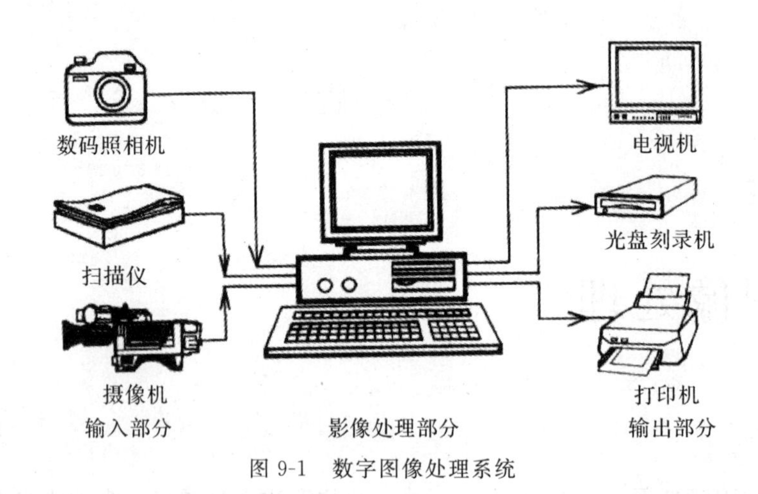

图 9-1　数字图像处理系统

1. 数字图像输入

数字照相机所拍摄的图像是以数字图像的形式存储在照相机的存储器或可移动式存储卡中，只要通过电缆连接线把照相机或移动硬盘、存储卡等移动式存储器和计算机连接在一起，图像的数据就可以输入计算机中，并以图像文件的形式存储。从数字照相机输入计算机中的信号，即数字图像信号，可以直接由计算机进行加工处理，经过计算机处理的图像，能最大限度地发挥数字摄影的特长。

数字照相机通过电缆线将数据信号传输到计算机中，通常接入的方法有两种，串行接口和 USB 接口。串行电缆的连接方式比较简单，但数据信号的传输速率比较慢；USB 电缆接口传输数据信号的速率比较快，因此，数字照相机的连接方式一般都采用后者。另外，摄影者还可以将存储卡从数字照相机中取出，插入读卡器中读出数据后再传给计算机。

2. 图片扫描输入

建立电子暗房，必须准备的设备就是电子扫描仪，它可以将图片通过扫描的方式转换为数字信号。当我们需要将图片、绘画、照片、胶片等图像资料输入计算机中时，必须先将它们转换为数字信号，通常转换的方式有两种，一是用数字照相机拍摄，二是用电子扫描仪扫描。显然电子扫描仪是进行图像数字化转换的最有效的仪器，也是最常用的图像输入设备，它通过对图片的逐点扫描，可以将图片转换为数字图像信号，然后输入计算机中进行图像处理。电子扫描仪可以通过电缆线将数据信号传输到计算机中，接入方法也有两种，串行接口和 USB 接口。USB 接口的扫描仪连接方便、操作简单，传输数据信号的速率快，并且支持热插拔，这意味着无需关闭计算机电源就可以加装或卸载各种设备。因此，目前多数电子扫描仪都使用 USB 接口。

3. 视频图像输入

视频图像输入主要是指将摄像机和录像机中的电视图像信号输入计算机中。通常电视图像信号有两类，一类是数字摄像机、数字录像机等数字式视频设备输出的信号，这种信号本身就是数字图像信号,可以直接进入计算机进行图像处理。另一类是普通电视摄像、录像设备和有视频输出功能的电视机所输出的模拟图像信号,模拟图像信号必须通过计算机专门配置的“视频采集卡”才能输入计算机中,由视频采集电路和模数转换电路将模拟图像信号转换成数字图像信号,再进入计算机进行图像加工处理。一般情况下,输入计算机中的图像信号是每秒钟 25 幅画面,因此计算机加工处理图像信号的速度是必须考虑的。

二、图像输出

数字图像信号经过计算机进行图像处理后,可以作为图像文件存储在计算机中,还可以用各种方式输出使用。数字图像输出的方式主要有五种,即显示观看、制成胶片(负片或正片)、打印成图片、刻录成光盘,以及远距离传送。

数字图像显示一般有三种形式,一是直接在计算机屏幕上显示,二是通过计算机的电视调谐卡换为视频信号输出到电视机上显示,三是用投影仪投影在屏幕上显示。三种显示方法目的不同,显示的大小也有所不同。

数字图像信号可以通过胶片录入仪制成胶片(负片或正片),负片可以印制成照片再现数字影像,正片(幻灯片)多用于放映。用负片冲印出来的彩色照片,给人以鲜艳、动人、新颖的感觉,许多数字影像均可制成印刷品,都采用这种方法先制作成为印刷底片,然后再印成图像。

数字打印机是数字图像输出的另一种终端设备,通过数字打印机打印出来的图片,类似于传统照片的效果。数字图像是通过打印机在专用的打印纸上打印成图片的,图片的规格大小可以任意设置。

数字图像还可以编辑成为数字图像资料,通过光盘刻录机将数字图像刻录在光盘上,既可长期保存,又便于随时调用和交流。计算机还可以通过网络将数字图像迅速地传输到各地。

第二节 Photoshop 8.0 运用入门

随着数字照相机和电子扫描仪的日益普及,将模拟图像信息转化为数字图像信息已易如反掌。尽管人们对有关电子技术直接介入摄影领域的美学问题还在争论不休,尽管有关电子图像破坏了反映客观世界影像的说法是否权威尚待界定,但现实已经无法回避对数字图像加工、处理这个技术问题了。

所谓数字图像加工处理,就是利用计算机软件技术对数字图像进行一定的编辑、修饰、修改、重组、整合等处理,使以数字图像为基础的信息输出结果更符合某种特定的要求。目前,对数字图像处理的工具软件有很多,这里介绍一种常用的数字图像处理软件——Photoshop 8.0 工具软件。

Photoshop 8.0是Adobe公司出版的一种功能十分强大而且非常流行的图像处理软件，可在Windows系统环境下运行，特别适用于对摄影作品进行修改、描绘、艺术加工和特技制作，除了能对图像加工处理外，还能做网页设计、图像传输等工作，因此广泛应用于设计、摄影、美术、出版、印刷、网页制作等众多领域。下面就从摄影图像处理的角度来介绍Photoshop 8.0的应用。

一、软件安装、运行与删除

1. 安装

安装Photoshop 8.0的方法与安装其他Windows应用软件的方法一样，只要按照"安装提示"操作即可，安装完成后，桌面上会出现一个关于Photoshop 8.0的快捷方式图标，以后启动和运行该软件时，只要双击该图标就能打开该软件。

2. 运行

启动和运行Photoshop 8.0的方法有两种，一是双击Photoshop 8.0的桌面快捷方式图标，二是在系统任务栏"开始"下的"程序"菜单中单击Photoshop 8.0子菜单。

3. 删除

当不再需要使用该软件，又要清理硬盘空间时，只要打开"控制面板"，运行"添加/删除程序"，即可删除程序"Adobe Photoshop 8.0"。

二、软件工作界面简介

开启Photoshop 8.0后，在屏幕上显示出工作界面如图9-2所示。它们分别是：标题

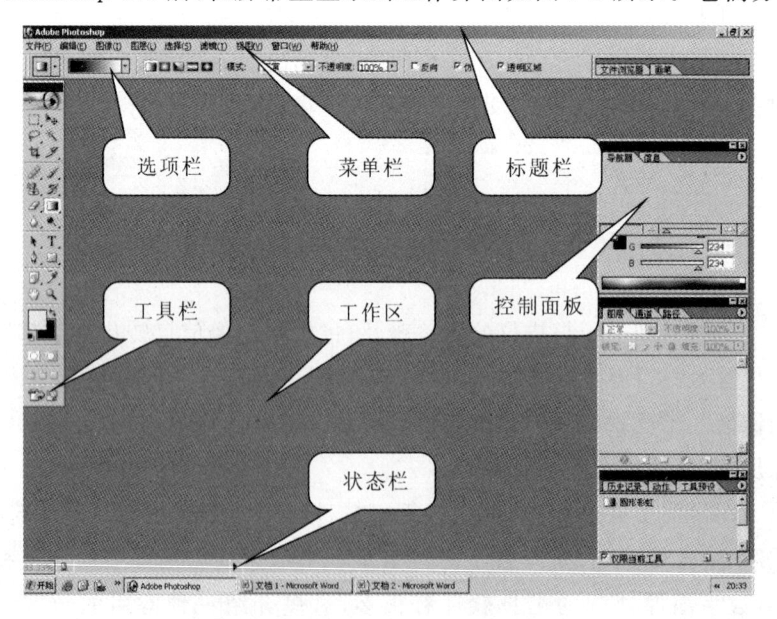

图9-2　Photoshop 8.0软件工作界面

栏、菜单栏、选项栏、工具栏、状态栏、控制面板和工作区域。其中工作区域是用来放置需要修改的图片的，图片的各种参数可以在状态栏中获得。

1. 菜单栏

菜单栏是 Photoshop 8.0 的重要组成部分，它和其他的 Windows 应用程序一样，将图像处理的各种要求分门别类后，放在 9 个菜单中，如图 9-3 所示。它们分别是文件(File)、编辑(Edit)、图像(Image)、图层(Layer)、选择(Select)、滤镜(Filter)、视图(View))、窗口(Window)、帮助(Help)，每个主菜单又包含一系列子菜单，用于执行各种操作命令。

图 9-3　菜单栏

菜单栏中包括了 Photoshop 8.0 的大部分命令，即大部分的功能可以在菜单的使用中得以实现。一般情况下，每个菜单的命令都是固定不变的，但是有些菜单可以根据当前环境的变化适当添加或减少。

用鼠标单击菜单项，即可打开该菜单，要切换菜单，只要在各菜单项上移动光标，单击鼠标右键，可打开方便用户操作的“快捷菜单”，关闭快捷菜单只要按 Esc 键即可。

2. 工具栏

工具栏包含了 Photoshop 8.0 的各种图像处理工具，其数量多达 55 种之多，如图 9-4(a)所示。工具的种类有：选择工具、绘图工具、调节工具、色彩工具以及视图工具，等等，可以根据需要选择其中的任一种工具使用。

工具栏中显示的是各种工具的图形，如果不知道工具的名称，只要将鼠标放在工具栏的工具上就会显示出该工具的名称，要使用这个工具时，只要单击该工具的图标即可。如要选择一组工具中的某一种，可将鼠标放在该工具上并按住鼠标按钮，等弹出菜单后，在菜单中选择后再放手，如图 9-4(b)所示。

要设置工具的属性，可单击该工具，系统将在“选项”控制面板中显示该工具的属性设置面板，你可根据需要设置。

要移动工具栏的位置，可将光标定位在工具栏上方的蓝条上，然后拖动鼠标即可将工具栏移动到合适的位置。

如果需要隐藏工具栏和所有的控制面板，按 Tab 键，再次按 Tab 键，可恢复到原来的状态。

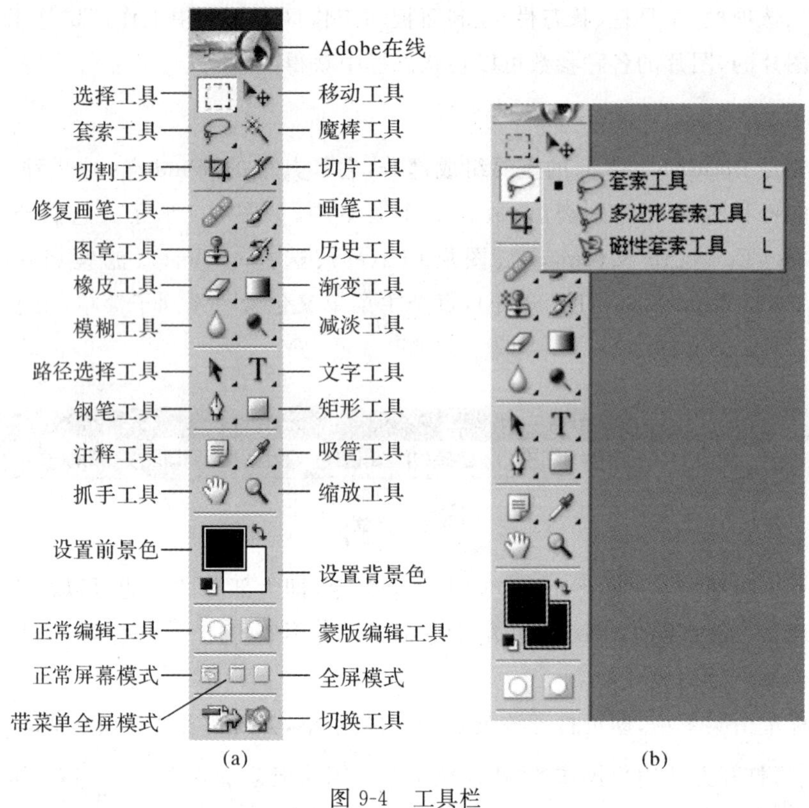

(a) (b)

图 9-4 工具栏

(a)各种图像处理工具;(b)选择一组工具中的某一种

3. 状态栏

状态栏位于屏幕的最下端,主要是用来显示图像文件的某些信息和操作提示。它由三部分组成:左边区域为缩放显示比例,显示当前图像缩放的大小,可在此输入数值后按 Enter 键来改变显示比例;中间区域用于显示图像文件信息,单击此区域中的小黑三角标记会弹出一个菜单,其中含有文档大小、文档配置文件、文档尺寸、暂存盘大小、效率、计时、当前工具等,可选择菜单中任何一项来查看图像文件信息;右边区域用于显示 Photoshop 当前工作状态和操作提示信息,单击三角标记的空白处可显示打印预览。如果按住 Alt 键不放,再在状态栏中间区域按下鼠标左键不放,可以查看图像的打印参数。

4. 控制面板

控制面板是 Photoshop 的另一特色窗口,它有多个控制面板组合,放置在四个控制窗口中,分别是"导航器/信息"、"颜色/色板/样式"、"图层/通道/路径"、"历史记录/动作/工作预设",等等,它是 Photoshop 中很有特色的功能,用于设置工具参数、选择颜色、编辑图像、显示信息等。要想选择某个控制面板,可单击控制面板窗口中相应的标签,当控制面板被关闭后要想重新显示,选择"窗口"菜单中相应的选项即可。

第三节 Photoshop 8.0 基本操作命令

一、打开图像

启动 Photoshop 8.0 后，在屏幕上除了菜单、工具栏和控制面板外，没有其他图像显示，如果电脑中已有你需要处理的图像，可选择“文件”菜单中的“打开”命令，这时会出现一个如图 9-5 所示的对话框。该对话框与其他软件的对话框设置十分类似，操作步骤如下。

图 9-5 打开文件对话框

第一步，打开“搜寻”列表框查找图像文件所存放的位置。

第二步，在“文件类型”列表框中选定要打开的图像文件格式，如选择“所有格式”项，全部文件都将显示出来。

第三步，选中要打开的图像文件后，单击对话框中的“打开”按钮，或直接双击该文件图标就可打开该文件。

如果希望一次打开多个图像文件，有两种选择，一种是要打开多个连续排列的文件，单击开始的第一个文件，然后按住 Shift 键并单击末尾最后一个文件，就会自动选中所有此范围内的文件，点击对话框中的[打开]按钮即可。第二是要打开多个不连续排列的文件，则在选中第一个文件后，按住[Ctrl]键一个一个单击欲选取的文件，即可选中所希望打开的全部文件，再单击对话框中的[打开]按钮便可依次打开全部选中文件。

二、保存图像

在 Photoshop 8.0 中打开一幅图像，是为了对图像进行一定的加工处理。当图像修改完毕后只有保存这幅图像才能使劳动成果得以实现，保存文件是一项非常重要的工作，具体操作步骤如下。

第一步，单击“文件”菜单下的保存命令（或按[Ctrl]+[S]组合键），打开如图 9-6 所示的保存文件对话框。

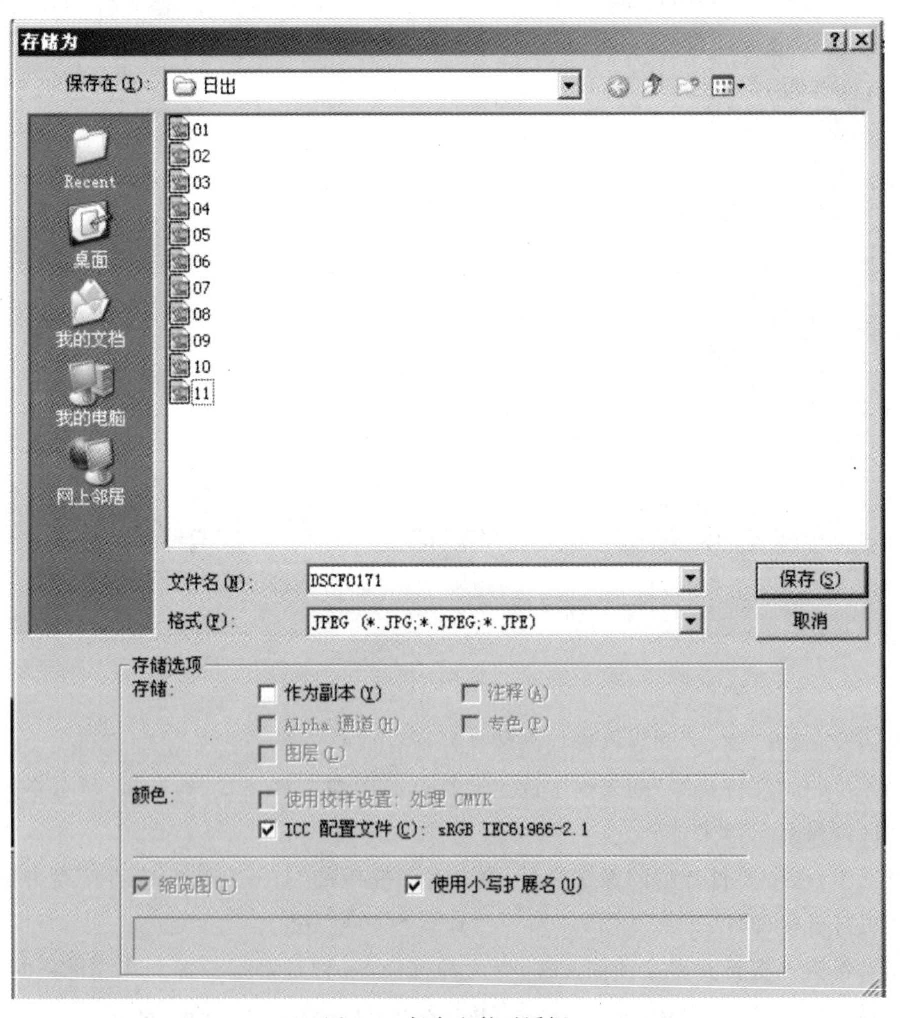

图 9-6　保存文件对话框

第二步，如果直接按“保存”按钮，则按原路径、原文件名覆盖保存，也可以将修改过的文件重新命名，或改变路径，或改换格式，然后再保存，这样不会覆盖原来的文件。

三、输出图像

保存后的图像可以添加到电子文档、网页中，也可以通过打印机打印出照片。如果要打印照片，首先要进行“页面设置”，选择“文件”→“页面设置”，打开“页面设置”对话框，在对话框中完成一系列项目的设定，然后再选择“文件”→“打印设置”，打开“打印”对话框，设置打印范围、打印份数和打印质量等，设置完毕即可打印。

四、图像窗口操作

在 Photoshop 的操作中，图像窗口操作涉及视图模式的切换、图像窗口的位置和大小的改变以及在多个图像窗口进行切换等，这些操作必须熟练掌握。

1. 改变图像窗口的大小

改变图像窗口的大小除可利用最小化、最大化按钮外，还可通过将光标置于图像窗口边缘或四角，此时光标呈双箭头状，然后按下左键拖动鼠标，当大小恰当的时候松开左键即可改变窗口大小。也可利用 Image 菜单中的“画面大小”设置选项来确定图像窗口的大小，其实这种方法在实际操作中并不比第一种方便，但可知道图像的大小尺寸。

2. 改变图像窗口的位置

当图像窗口未处于最大化状态时，如果要改变图像窗口的位置，只要将光标移到窗口标题栏上按住左键不放，然后拖动图像到适当的位置，松开鼠标即可。

3. 切换图像窗口

在 Photoshop 的图像窗口操作中可以同时打开多个图像窗口，如果要在这些已打开的多个窗口之间进行切换，最简单的方法就是直接单击想要处理的窗口，该窗口将出现在画面的最前面，使它成为当前窗口。此外，单击“窗口”菜单中的图像文件名，该图像也随即成为当前窗口，出现在画面的最前面。再者，按 Ctrl + Tab 组合键，也可使各窗口间进行切换操作。

4. 切换屏幕显示模式

所谓屏幕显示模式就是呈现在操作者面前的屏幕界面，在 Photoshop 中共有三种显示模式，分别为普通模式、全屏显示模式和黑底模式。不同的模式具有不同的显示特点，普通模式显示所示的组件，全屏模式使图像更大，黑底模式下的图像效果更鲜明。这三种模式的切换可通过工具箱中的三个按钮来实现。

5. 改变图像显示比例

改变图像显示比例通常有两种方法。

（1）利用工具条中的“放大镜”可将图像成倍地放大和缩小。需要放大图像时，选中放大镜后，在图像窗口中单击，图像放大一倍；如果需要缩小图像时，选中放大镜后，先按住 Alt 键不放，单击图像窗口，图像缩小二分之一。

（2）利用“视图”菜单中“放大”的子菜单，可将图像放大一倍；利用“缩小”的子菜单，可将图像缩小二分之一；而用“满画布显示”，即可使图像以最合适的比例完整显示。

第四节　Photoshop 8.0 常用操作命令

一、工具命令

工具栏又称工具箱或工具条。Photoshop 8.0 的工具箱非常大，箱中有很多工具，它们的功能强大，有各自的特点，只有掌握了这些最基本的工具后才能方便地进行图像的创作和编辑。在使用工具箱中的工具时，选中该工具后单击鼠标右键会弹出相应的菜单，选择其中的一个工具，即可完成相应的操作。Photoshop 工具箱中共有 55 种工具，由于篇幅的限制，本节只对其中部分重要的工具作一简单介绍。

1. 选择框

“选择框”可在图像中任意选取一个矩形或其他形状（圆形、椭圆形、单行、单列）的区域，对该区域内的图像进行处理和修改，如切割、复制、移动、羽化效果……如图 9-7 所示。其他形状的选择框工具隐藏在矩形选择框工具内，具体操作时可用光标选中矩形框工具后，单击左键为选中矩形区域，单击右键弹出选择菜单，从中选取一项进行操作即可。

图 9-7　矩形选择框

2. 移动

“移动”与选择框工具的联系非常紧密，通常是选择区域确定后，即可将其移到屏幕上任何一个合适的位置上。

3. 套索

“套索”也是一种常用的选择区域工具，当所选的区域不是规则的图形时，只有套索工具才能满足用户的要求。套索工具有 3 种，分别为曲线套索、多边形套索和磁性套索工具，如图 9-8 所示。

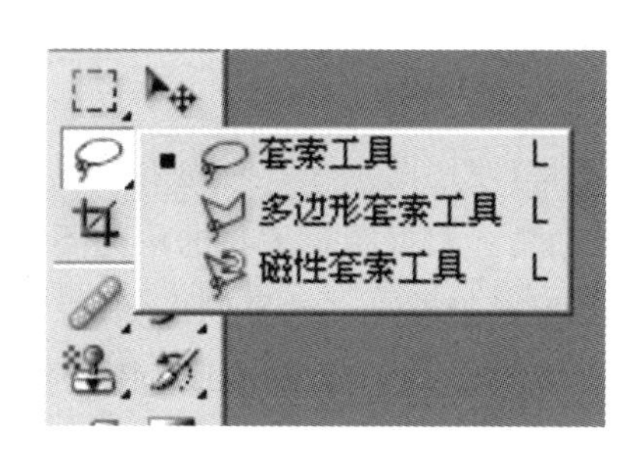

图 9-8 套索工具

套索的操作方法是将光标移至工具箱中的套索工具，单击左键为选中，单击右键弹出一选择菜单，可在三种套索工具中选取一种。移动鼠标至图像窗口，单击图像选取起点，然后沿着要选取的物体边缘移动鼠标，当选取终点回到起点时光标右下角会出现一个小圆圈，此时单击即可准确完成选取。磁性套索工具只用于图像边界与背景颜色差别较大的不规则选择区域。

4. 魔棒

“魔棒”能选择出颜色相同或相近的区域。使用魔棒工具在图像中单击某个点时，附近与它颜色相同或相近的点将自动融入选择的区域中，主要用于大面积的不规则单色选择区域。

5. 切割

“切割”主要用来对图像画面大小进行裁剪，剪去图片中不需要的部分，保留需要的部分。

6. 切片

“切片”(含切片选择工具)可将图像画面切割成几个区域，然后由切片选择工具从中选取一个已分割好的区域。

7. 修复

“修复”用来对选定区域内图像中的缺陷进行修复。修复工具有两种，修复画笔工具和修补工具。修复画笔工具可对图像中的缺陷进行修复，使其修复结果自然融入周围的图像;修补工具可以从图像的其他区域或使用图案来修补当前选中的区域。

8. 画笔

“画笔”主要用来绘制图形,其结构有两种类型,毛笔工具和铅笔工具。毛笔工具所绘制出的图形线条柔软,如同使用毛笔画出的线条一样;使用毛笔工具,先在工具箱中选中画笔工具,再在色块中选择颜色,然后使用鼠标在图像窗口中拖曳,即可获得毛笔绘画的效果。用铅笔工具画出的线条是有棱有角的,即硬边线条,如同平常使用铅笔绘制图形一样;如果要使用铅笔工具,可先在工具箱中选中铅笔工具,再选择画线的粗细和颜色,然后使用鼠标在图像窗口中拖曳,即可获得铅笔的效果。

9. 图章

“图章”是一种图形复制工具,使用图章工具时先要设置或定义区域,否则将出现警告对话框,被告知不可使用图章工具。根据图章工具的用途不同,图章工具又有仿制图章工具和图案图章工具。仿制图章工具能够准确地复制图像的一部分或全部到一个新的图像中;图案图章工具是复制已有图案填充到图像中去,其操作方法基本类似于仿制图章工具。

10. 橡皮擦

“橡皮擦”的使用和我们在其他软件中使用的橡皮擦一样,拖曳后可将图像中这一部分的痕迹直接擦去,所不同的是,在我们擦除纸张上的图像时,露出的是纸张白色的底色,而 Photoshop 8.0 的橡皮擦,是用一种颜色去覆盖原来的图像,这个颜色可以是图像的背影底色,也可以是你想获取的色彩。由此就产生了两种橡皮擦工具,前者称为背景色橡皮擦工具,后者称为魔术橡皮擦工具。

11. 渐变

“渐变”是一种色彩填充工具,该工具可以使多种颜色逐渐混合,用户可以从现有的渐变填充中选取或创建自己的渐变色彩。渐变填充的方式有五种,如图 9-9 所示,从左到右依次为线性渐变、放射性渐变、螺旋形渐变、反射形渐变和菱形渐变。

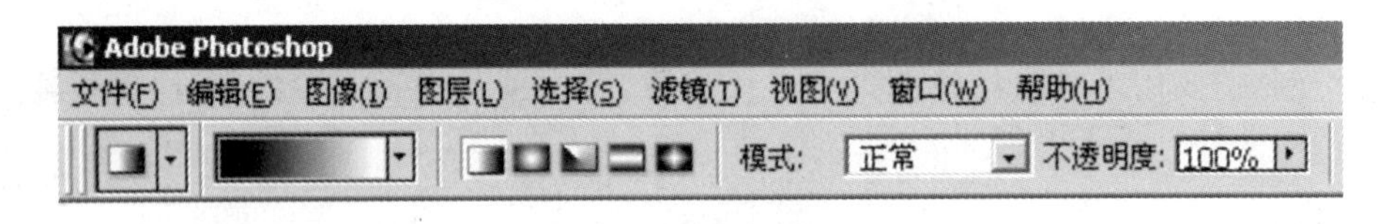

图 9-9　渐变填充的五种方式

12. 油漆桶

“油漆桶”用于图像或选定区域内,对指定范围内的色彩区域进行色彩或图案填充。在填充时应先单击,对颜色进行取样,确定填充的范围,然后对图像中颜色相近的区域进行颜色填充。

13. 文字

“文字”是一种对图像文字进行有效处理的工具，它可用来输入和编辑中、英文文字。在 Photoshop 8.0 中有 4 种文字工具，它们分别是水平文字工具、垂直文字工具、水平文字蒙版工具和垂直文字蒙版工具。前两者将创建一个新的图层，其后的一切操作均符合图层的规律；后两者不创建新图层，输入的文字浮于图层之上，并对下面的图层起保护作用。以上所有文字工具都有字体、大小、颜色、行距、字距以及 Photoshop 中特定效果的编辑功能。

14. 抓手

当图像在窗口无法完全显示时，可以用“抓手”工具移动图像，双击抓手工具可将图像调整至合适屏幕显示的大小。按住 Ctrl 键，单击左键可放大图像；按住 Alt 键，单击左键可缩小图像，两者均可重复操作。

15. 缩放

“缩放”用于放大或缩小图像显示尺寸。单击右键会弹出对话框供选择：“满画布显示”是将图像显示为适合屏幕显示的尺寸；“实际像素”是将图像显示为图像文件的实际大小；“打印尺寸”是将图像显示为打印尺寸大小；“放大”指可重复操作单击左键来放大图像，最大可放至原图像的 1600%；“缩小”指单击左键可缩小图像，按住 Alt 键可重复单击左键来不断缩小图像。双击缩放工具图标使图像按“实际像素”显示。在图像上按住左键拖动光标，拉出的矩形选框内的图像，在松开左键时则被大幅放大显示。

16. 颜色

“颜色”可设置与切换前景色或背景色。单击该图标右上角的双向箭头可切换前景色与背景色，单击左下角小方块可切换至默认的前景色（黑色）和背景色（白色）。单击大方块图标，从弹出的拾色器对话框中可选择前景色与背景色。通过“颜色”控制面板也可设定前景色与背景色。

二、菜单命令

下拉菜单包括文件、编辑、图像、图层、选择、滤镜、视图、窗口 8 个。

1. 文件

“文件”包括对图像文件的创建、打开、浏览、关闭、存储，等等，主要用于图像文件本身、操作环境，以及外设管理。

2. 编辑

“编辑”主要功能是对选定图像、选定区域进行各种编辑和修改的操作，包括剪切、拷贝、粘贴、填充、描边和自由变换，等等。

3. 图像

“图像”的主要功能是对图像文件进行图像模式的转换、色彩的调整、图像的复制、图像像素和文档大小的调整、画幅的旋转、画幅的裁剪等处理功能，通过对图像菜单中的各项命令的应用可以追求更高的图像质量。

4. 图层

“图层”的主要功能是对图像的图层进行各种操作和调整，主要是将不同的图像素材合成为一个新的画面，即图像合成。图层菜单的主要命令为图层的建立、显示、合并和删除，等等。

5. 选择

“选择”的主要功能是用于对图像中的选择区域进行编辑、调整、设置等操作，如全选、取消选择、反选、羽化、修改，等等。

工具箱集中了大部分选择工具，而“选择”中的命令主要是与选择工具配合使用，从而使选择操作更加灵活、方便。“选择”中的“反选”可倒置选择一个选择区，使原来未被选中的部分成为选择区；“羽化”命令能使选择区边缘柔和，使选区经处理后能与周围画面产生过渡性的融合，不会出现生硬的边界，“羽化”命令在图像合成中非常有用。

6. 滤镜

“滤镜”的主要功能是对图像进行特殊效果的处理，如像素化、扭曲、模糊、艺术效果、风格化，等等。

滤镜菜单产生的图像效果就像摄影师在拍摄中使用滤光镜所产生的光影效果一样，而且变化更多，更复杂。你可使用各种滤镜让一幅图像或一幅图像中的某一部分变得清晰或模糊，产生浮雕效果和各种变形效果，还可以用滤镜改变画面的灯光照明效果等。

7. 视图

“视图”主要用于控制图像显示的形态。通过视图菜单中的各项命令，用户可以从各个角度或以多种方式观察图像的处理效果。视图菜单还可以将图像文件放大或缩小、显示或隐藏标尺等，以不同比例来观看同一图像。

8. 窗口

“窗口”主要用于打开该软件本身提供的各种浮动式对话框，为图像处理提供一个便捷的环境。窗口菜单允许用户在屏幕上从一个文件移到另一个文件，还允许打开和关闭Photoshop的所有调色板及状态栏，还可以为同时打开的多幅图像选择排列方式，如层叠、并排等。

三、控制命令

“控制”又称“调制”，可用于完成图像处理的各种操作和工具参数的设置。控制面板也是Photoshop的一大特色。在Photoshop 8.0中一共提供了7组15个控制面板。在默认状态下，在屏幕上显示4组11个控制面板，另外3组4个控制面板即“字符”与“段落”、“画笔”和“文件浏览器”控制面板均可从菜单栏“窗口”命令中打开，其中“文件浏览器”也可从菜单栏“文件”命令中打开。把光标置于每一控制面板右下角时会出现双箭头，按住左键拖动光标能放大或缩小该控制面板。单击控制面板名称旁的三角形，会弹出子命令，分别单击其中的“Dock to Palette Well”命令，可使控制面板缩略排列在工具属性栏右端。

1. 导航器

“导航器”主要用来快速放大图片的任意区域，以便对画面的局部进行精确的修整或选择。当显示的图像大于显示屏时，在导航器控制面板上会框出屏幕显示的区域，可迅速移动需要显示的图像部位，还可显示缩小或放大的比例，如图9-10所示。

2. 信息

“信息”主要用来显示当前光标所在位置的坐标信息和像素色彩数值信息，包括RGB色彩信息和CMYK色彩信息。当对图像进行裁剪时，它还能显示出剪裁后画幅的长、宽等信息，如图9-11所示。

图9-10 导航器

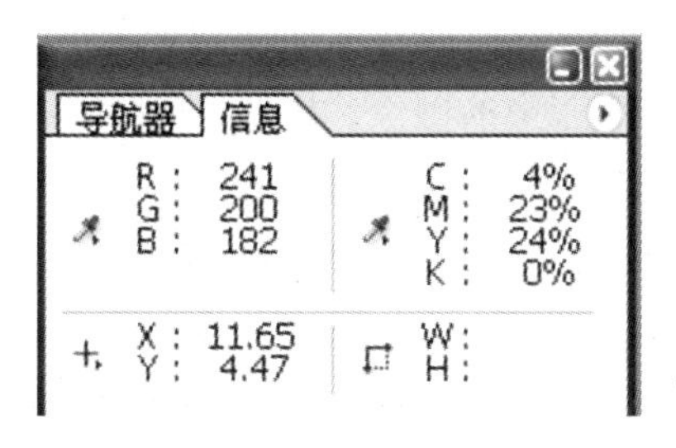

图9-11 信息

3. 颜色

“颜色”主要用来选择或设定工具箱中的前景颜色和背景色颜色，用来修改和描绘照片，如图9-12所示。颜色面板调色与工具箱中的拾色器（调色板）不同，它在调色时可以线性变化，给出三原色的各自参数。当所选颜色在印刷中无法实现时，在该控制面板的左下方会出现一个带叹号的三角图标。

4. 调色面板

“调色”用来保存颜色的样本，也是用来选择前景色或背景色，还可用来放置试验色彩，进行对比调色，功能类似于画家的调色板，作用与“颜色”面板类同，但色彩比较简单，选择更直观。使用默认当前状态下的方格色块可进行增减，增减后也可恢复至默认状态下的方格色块。选择时只要单击其中某一色块就可改变工具箱中的前景色或背景色的颜色，如图9-13所示。

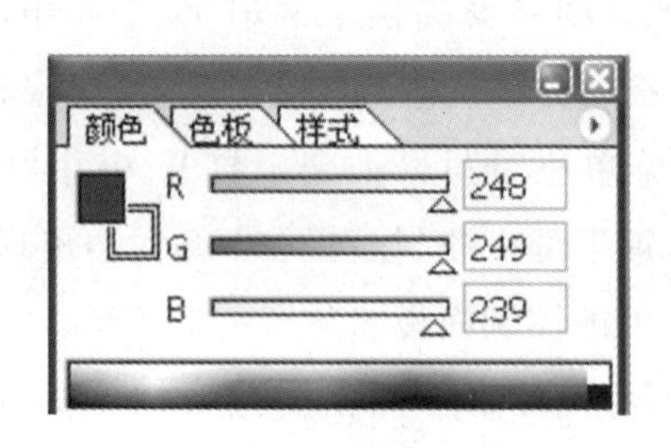

图 9-12　颜色

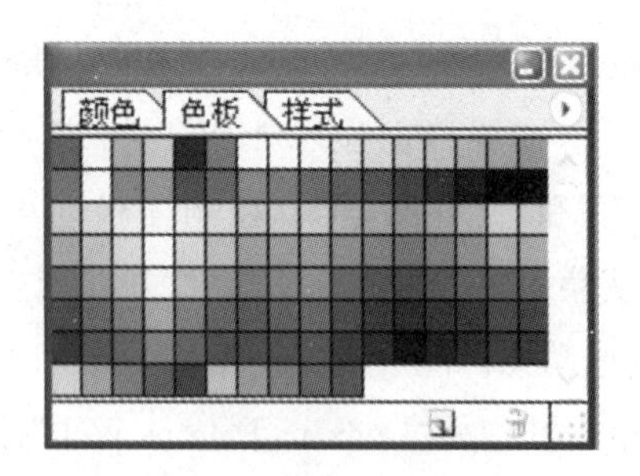

图 9-13　调色面板

5. 样式

“样式”是非常有用的控制面板，其中的图案是系统预先存入的基本样式略图。使用各种样式图案，可以为图层实施不同的处理效果，用户也可以通过风格面板中的菜单选项把自己制作的新样式导入系统中备用。由于风格面板只能处理矢量图形和图层，因此要先将需处理的图像拷贝为一个新图层，才能用风格面板处理，如图 9-14 所示。单击“样式”控制面板右上方的小三角形，可选择各种类型的图形、图案、图像效果导入系统中备用。

6. 图层

“图层”就像一块或多块透明的醋酸纤维纸，能相互覆盖和重叠，并在一个平面上同时看到所有纸张中的图像。因此，在某一图层中的图像能独立于另一图层而移动、缩放以及进行各种效果处理，为单独处理组合图像中的每一个图层和预览图像的组合效果等提供了方便有效的平台。图层操作在图像合成中发挥着很重要的作用，如图 9-15 所示。

图层面板可将一幅图像中的每一个图层以小样的形式同时显示出来，并与图层菜单配合使用，可合并、添加、删除、移动、粘贴、复制和存储图层，使照片的合成操作变得非常方便和直观。

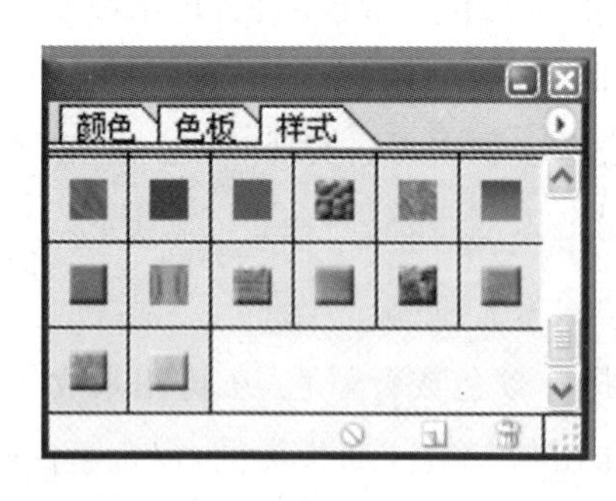

图 9-14　样式

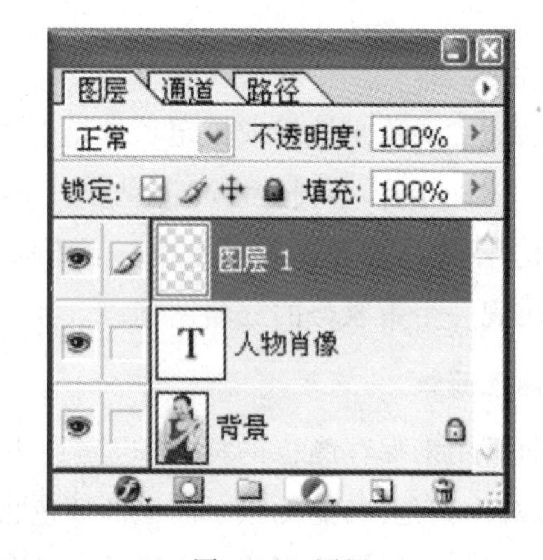

图 9-15　图层

7. 通道

“通道”能使用户很容易地察看到任何一个色彩模式的全部通道，并能分别对任何一个通道进行单独的编辑处理，如改变颜色等，如图 9-16 所示。通道面板中还有一个 Alpha 通道，Alpha 是将选区作为 8 位灰度图像存放并被加入到图像的颜色通道中。Photoshop 就是以上面两种方式使用通道，一种是用颜色通道存储和编辑图像的颜色信息，另一种是用 Alpha 通道存储和编辑选择区域。用 PSD 图像格式存储未编辑完的图像，可以完整保存 Alpha 通道及其选择区域，这样再次打开图像继续编辑时就不用再进行复杂的选区操作了。这一功能在黑白照片变彩色照片等需要多次复杂选取的照片处理时很有用。

8.路径

在数字摄影暗房中，路径主要用作绘制外形特别复杂，难以用选择工具精确选取的选择区边界，然后将路径转换为选区，以便对选区图像作进一步的处理，如拷贝、填充、勾边、移动及保存等操作，如图 9-17 所示。

路径面板拥有一套自己的描绘工具，即钢笔工具组。钢笔工具组用于描绘路径，在图像上描绘的路径可以利用路径面板下方的选区按钮转换为选择区，再用 Photoshop 中的所有调整命令对选区进行编辑。使用路径面板也可以将选择区转换为路径，以便对路径作变形修改，从而改变选区形状和范围；或进行描边处理，使选区的蚂蚁线变成一个线描形状的空心框；或进行色彩填充，使之成为一个具体的单色形象。

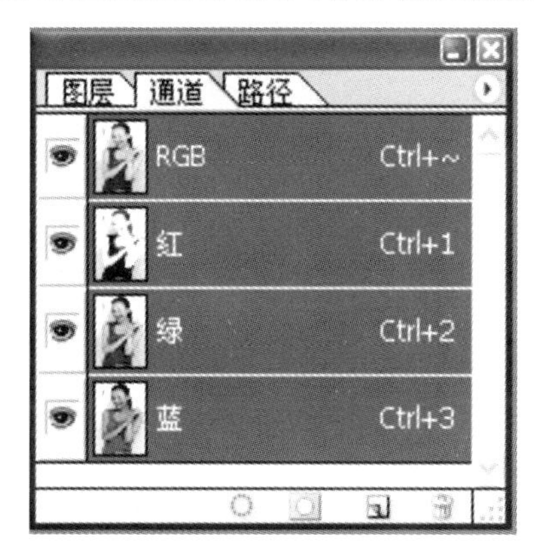

图 9-16 通道

图 9-17 路径

9.历史记录

“历史记录”用于记录图像编辑全过程中的每一步操作，如图 9-18 所示。一般情况下，用于记录处理图像时的操作步骤可保留最近的 20 步操作，当图像处理中的某一步操作不成功时，只要打开历史记录面板，用鼠标点击误操作步骤以前的任何一步操作时，便可立即返回到以前曾处理过的任意一个步骤的画面中去，重新完成不满意的操作，大大地方便了图像编辑的修改操作。在图像处理过程中，用户有时会尝试不同的画面处理效果，如果不满意也可利用历史记录面板轻松返回前面的操作，再尝试新的处理方法。

10. 动作面板

“动作”可提供批处理功能，以实现操作自动化，如图 9-19 所示。

用户在进行图像处理时，可能经常需要对某一类图像进行相同的处理，如转换图像格式、改变图像大小和分辨率、调整数字照片的色彩、达到某种滤镜效果，等等，如果每次都要重复这些步骤，就显得太繁琐了。为此，动作面板提供了一种自动化的批处理功能，用户可以利用动作面板将编辑图像的许多步骤录制成一个动作，这个动作由一个“按钮”或快捷键来控制，执行该动作（或命令），就相当于执行了多条编辑命令。因此，动作面板又称为“批处理”面板。

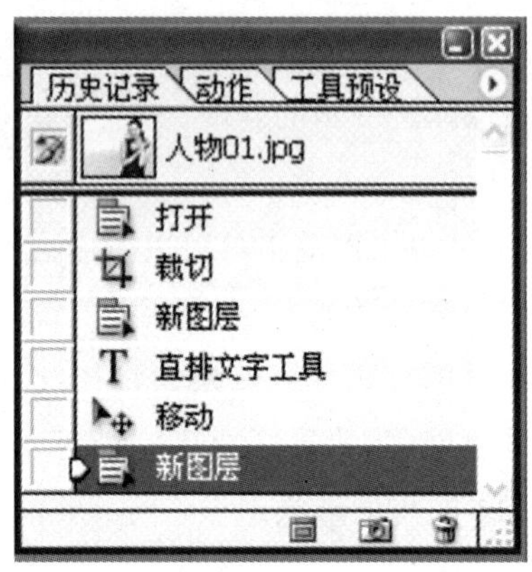

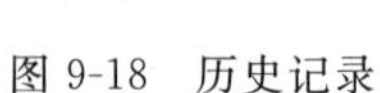
图 9-18　历史记录

图 9-19　动作面板

11. 工具预设

“工具预设”用于存储工具的设定，方便以后再次使用。

12. 画笔

“画笔”用于预置各种性能画笔的选项或自定义画笔的性能。Photoshop 8.0 的画笔控制面板的性能与以前版本相比有较大的增强，选择和使用合适的画笔对绘画效果极为重要。

13. 字符

“字符”用于调节文字的字符属性，如文字的字体、字形、大小、行距、字距及文字基线，等等。

14. 段落

“段落”用于控制文本的段落格式，如段落各种对齐设定、段前和段后空格距离的设定，等等。

15. 文件浏览器

“文件浏览器”是 Photoshop 8.0 新增的功能，可对图像进行快速浏览、查找或处理。通过文件浏览器控制面板，可以创建新文件夹、重新命名文件、移动或删除文件、浏览从数字相机输入图像文件的有关信息和数据，等等。

第五节　数字图像的简单加工处理

Photoshop 是时下最流行的图像处理软件，因其具有强大的图像处理功能，被广泛地应用于各行各业。它可以对图像进行修描、加入特技，也可用于修补照片、调整色彩，还可以给灰度图像加入彩色效果，也可以用 Photoshop 提供的绘图工具进行水彩画、油画等创作。

前面介绍了关于 Photoshop 8.0 的一般性知识，下面继续介绍关于如何利用 Photoshop 8.0 对图片进行一般性处理的方法。它主要涉及三方面：一是关于图片的调整和修改，二是关于图像的合成方法，三是关于图像的文字输入方法。

一、用 Photoshop 8.0 处理扫描的数字图片

扫描仪是获取数字图像的重要设备之一，要想把照片、幻灯片、底片及印刷资料输入电脑，最简便的方法就是使用扫描仪。但是扫描仪扫描后的图像存在一些问题，如扫描时由于原稿位置没有放正，使得扫描后的图片发生倾斜或倒转，还有在扫描印刷资料时，由于印刷品是两面印刷的，另一面的文字痕迹也会影响图像画面的美观。为了解决上述问题，用户可以使用 Photoshop 8.0 对图像进行简单处理。

1. 选定处理对象

打开 Photoshop 8.0，从下拉菜单中选择“文件”→“输入”→“扫描图片”，这时扫描图片就会出现在 Photoshop 8.0 窗口中，如图 9-20 所示。

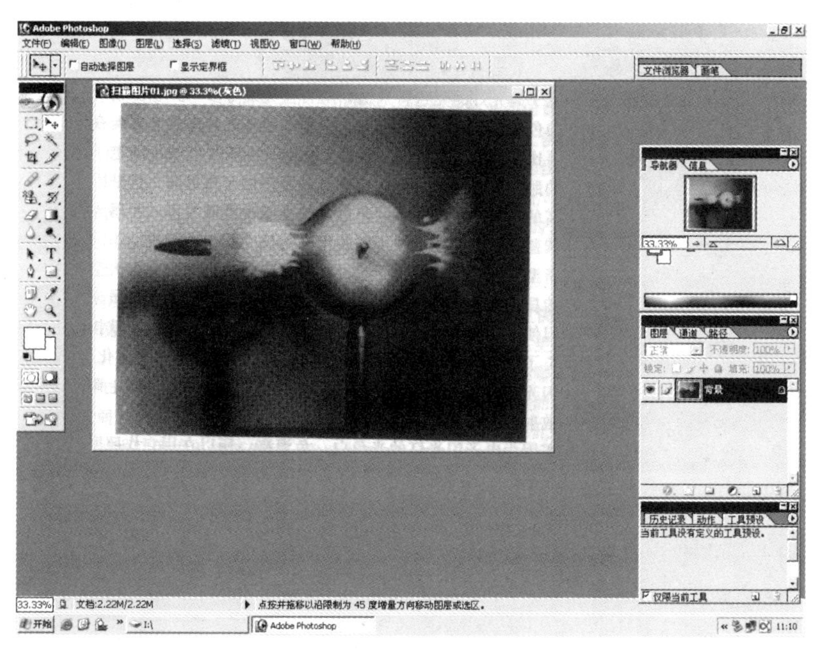

图 9-20　扫描图片

2.调正图片

单击菜单中的“图像”→“旋转画布”，打开“旋转画布”对话框，在对话框中输入旋转角度，单击“确定”，如图 9-21 所示。观察图片效果，如果图片没有调正，反复上述步骤，直到图片调正为止，如图 9-22 所示。

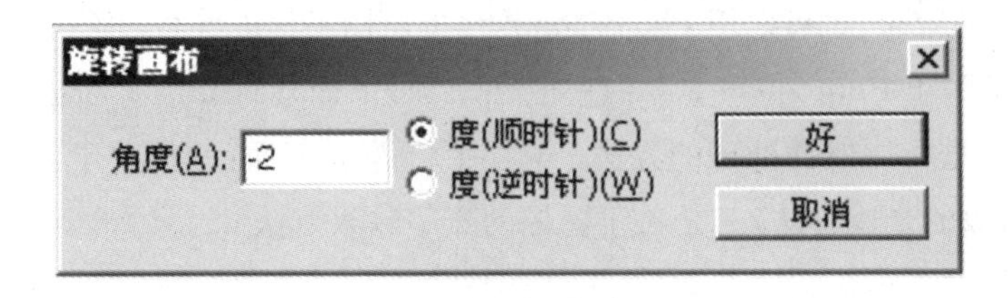

图 9-21 旋转画布

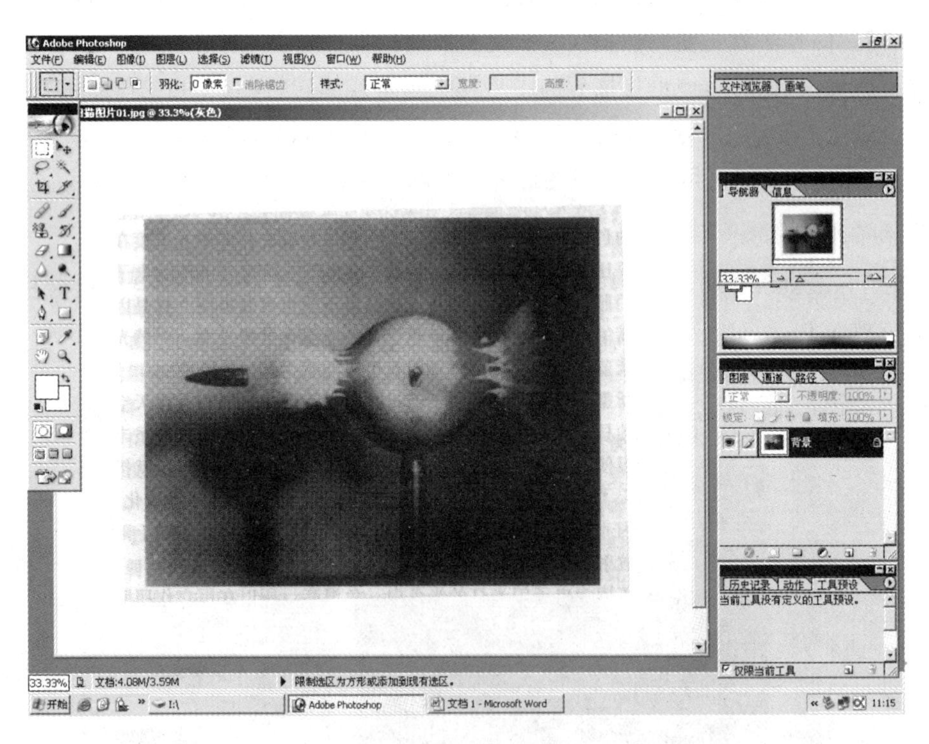

图 9-22 调正图片

3.裁切

调正图片后，可选择工具栏中的裁切工具，对图片四周不规则的边框进行裁切，裁切后图像如图 9-23 所示。

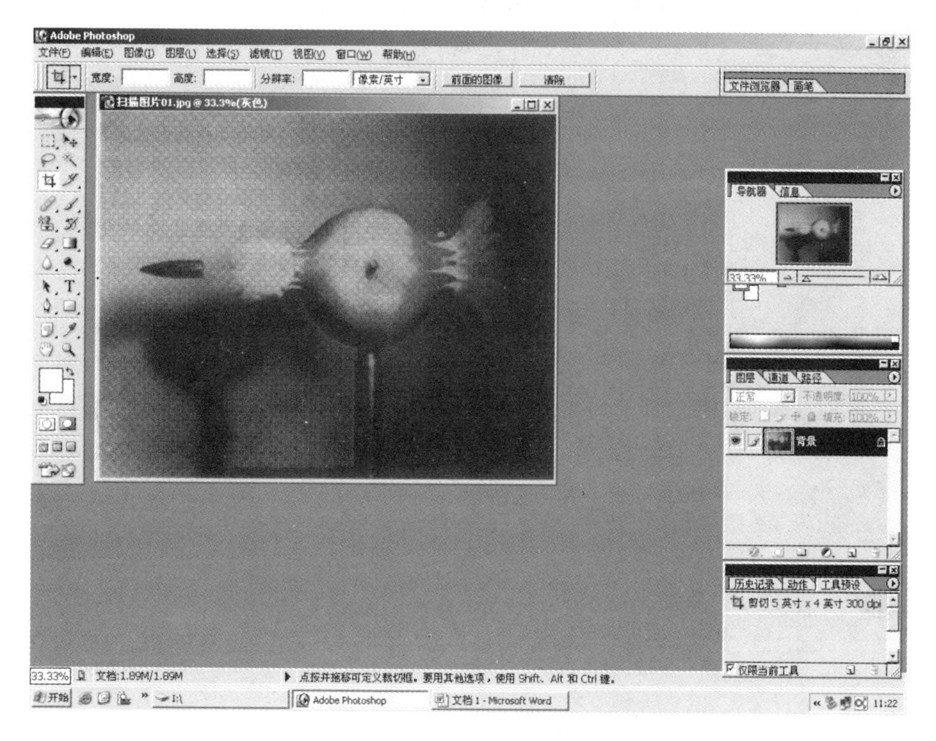

图 9-23　裁切图片

4. 消除背景污迹

扫描印刷资料时，原稿反面的文字痕迹将影响图像的质量，这时用户可采用菜单中“图像”→“调整”→“亮度/对比度”进行调整，将“亮度”和“对比度”调到合适的位置，如图 9-24 所示，单击“确定”，画面中的背景污迹被消除，如图 9-25 所示。

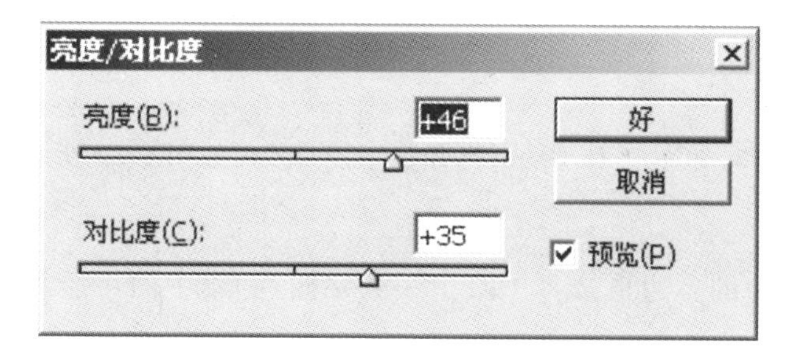

图 9-24　调整“亮度/对比度”

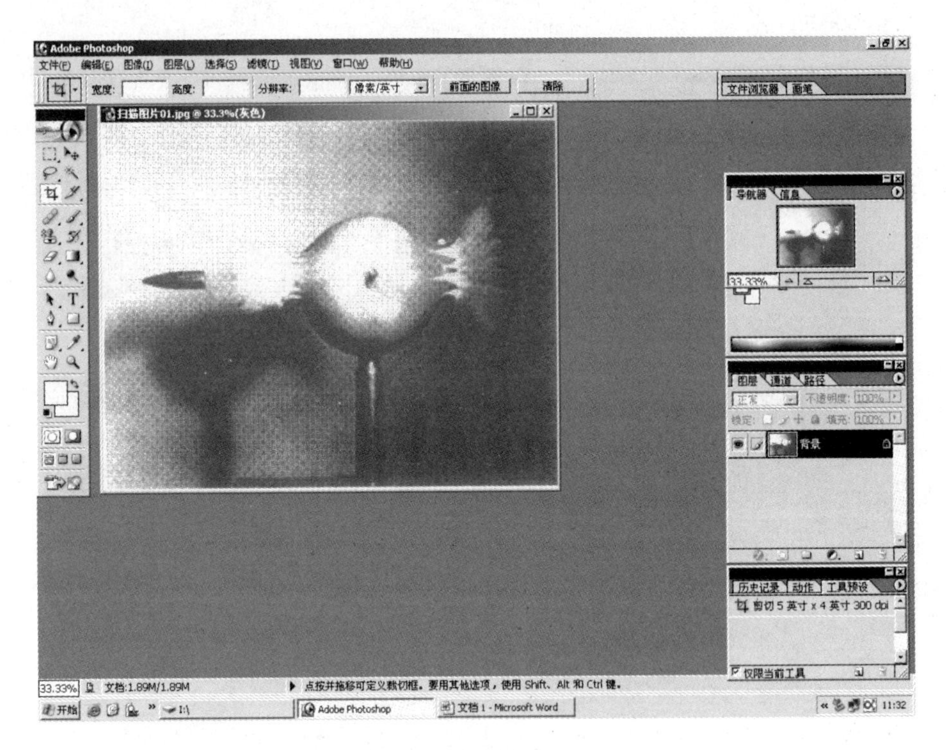

图 9-25 消除背景污迹

5.保存图片

图片处理完毕后，单击“文件”→“保存”，将处理后的图片保存在计算机中。

二、利用 Photoshop 8.0 合成数字图片

数字照片可以通过 Photoshop 进行合成和分解。本例介绍两张图片合成为一张图片的方法和技巧，并利用 Photoshop 各种工具来美化和修改图像效果，最后通过色彩调整工具调整图像的色彩。

1.打开文件

打开数字照片 03，如图 9-26 所示；打开数字照片 04，如图 9-27 所示。

2.选定内容

用选择工具栏中的多边形选择工具选中数字照片 04 中的小船，单击“编辑”→“拷贝”，如图 9-27 所示。

3.粘贴所选内容

激活数字照片 03，单击“编辑”→“粘贴”，将小船拷贝到数字照片 03 的画面之中。使用移动工具，将小船移动到合适的位置上。利用羽化效果羽化图片边缘，还可利用旋转工具对小船进行适当的旋转，如图 9-28 所示。

图 9-26　打开照片 03

图 9-27　打开照片 04

图 9-28　合成照片

4. 合并图层

单击菜单中的"图层"→"拼合图层",将两图层合并。

5. 编辑合成图像

单击菜单中的"图像"→"调整"→"亮度/对比度"进行调整,移动"亮度"和"对比度"滑杆下的小三角形滑块,直到图像令人满意为止。

6. 保存文件

图片处理完毕后,单击"文件"→"保存",将处理后的图片保存在计算机的"数字文件夹"中。

三、利用 Photoshop 8.0 在数字图片中输入文字

在数字图片处理中,为了说明照片的含意以及美化照片等原因,用户有时需要给照片加上标题或文字。在照片中加入文字时,需要选择文字的字体、大小、颜色、艺术字体或特效字,因此,给照片加字是数字图像处理必须掌握的基本技能之一。下面将介绍系统安装字体、录入字体及特效字制作等技法。

1. 选装艺术字体

在 Windows 系统中,通常中文字库有 15 种字体,常用的 4 种字体是宋体、仿宋体、楷

体和黑体，但仅有这几种字体是不够的，还需要更多的艺术字体，如综艺、隶书、魏碑、舒同、圆幼、行楷，等等。这些字体在使用前需要安装进 Windows 系统。各种商用中英文艺术字库一般都存储在光盘中，在电脑软件商店中均能买到。如果我们要增加新的字体，可以将字库光盘放入光驱中，经简单的安装步骤，便可将新的字库安装进系统中。

2. 输入和编辑字体工具

Photoshop 的工具箱中有一个文字工具组，如图 9-29 所示。工具组中有两组共四个文字工具：横排文字工具、直排文字工具、横排文字蒙版工具和直排文字蒙版工具。根据工具名称用户不难理解各种工具的用途，前者分别用于横排和直排实体文字的录入和编辑，后者用于横排和直排空心文字（选区）的录入和编辑。

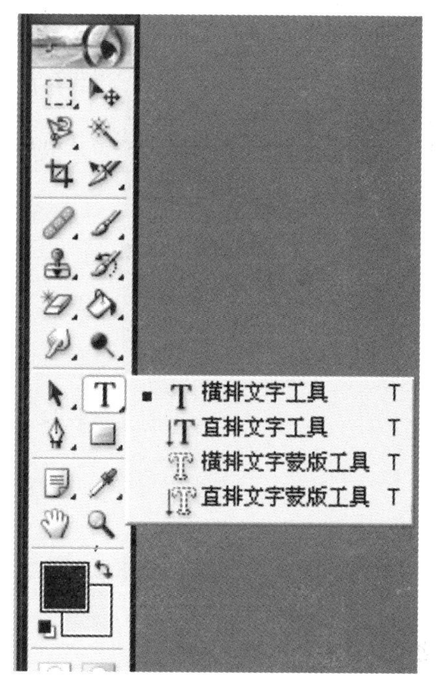

图 9-29　文字工具组

文字蒙版工具非常有用，它录入的文本选区是空心的，可以像普通选区一样进行编辑和填充任何颜色和图片图案等，如图 9-30 所示。

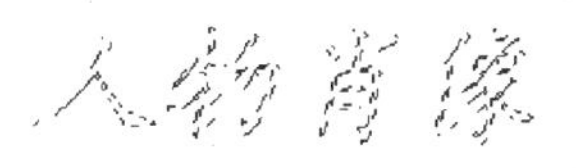

(a)

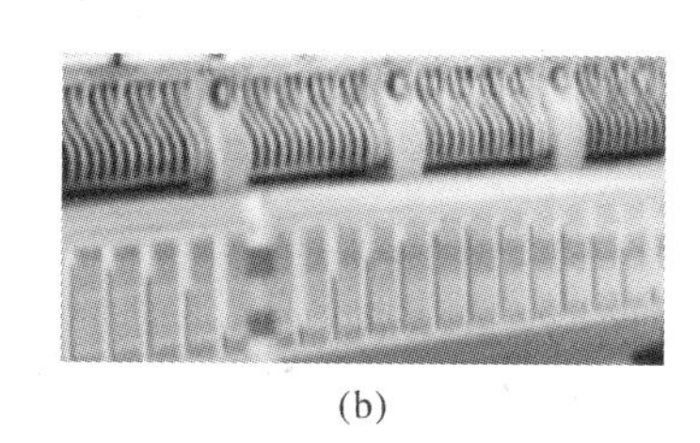

(b)

(c)

图 9-30　文字蒙版工具

(a)用文字蒙版工具输入文字；(b)用彩色灯光填充文字选区；(c)用粘贴命令将彩色灯光填充文字选区

Photoshop 8.0 有一"字符"控制面板，文字编辑功能非常好，在字符控制面板中基本的文字编辑功能都已具备。字符面板中各选项的功能如图 9-31 所示。

在图片中录入和编辑文字的基本方法是：先用文字工具录入图片中的文本信息，然后在窗口菜单中打开"字符"面板，便可对输入图片中的文本进行全面编辑，如对选择字体，字体大小，字体颜色，字体粗细、倾斜，字间距和行间距等进行调整，以符合图像的整体版式要求。字符面板的功能和使用技巧与 Word 文字处理软件中"格式"菜单栏中的"字体"

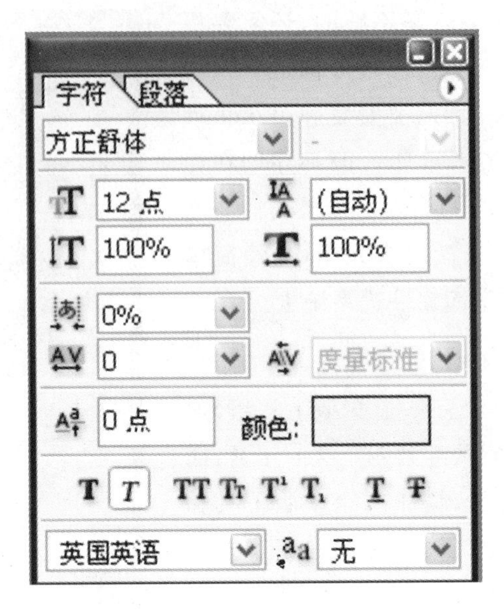

图 9-31　字符控制面板

面板相仿,这里就不再详述。图 9-32 是一幅黑白风景照中输入题词的方法。

图 9-32　在一幅黑白风景照中输入题词

3. 制作特效字

通过本节的学习我们可以了解到,只要在系统中添加多种艺术字库便可在照片中输入各种艺术字体,不过这些单色的艺术字体在照片中仍显单调,如果利用 Photoshop 将字体再处理成立体的、不同质地的各种特效字,再输入人物、风景和广告照片中去,其字体的艺术效果将会更好。制作特效字的方法很多，其中最简单、最实用的是“图层样式”法和“滤镜菜单”法两种。

(1)首先打开一幅需要添加特效文字的图像，选择前景色为白色，并且在图片上用“文字”在照片上输入“北极熊”四个字。本例使用的字体是“华文云彩”，并选择合适大小的字体。

(2)文字输入完成后在工具箱中点击“移动”，将文字移动到合适位置，然后点击“图层”右上方的一个三角形按钮，如图 9-33 所示，即弹出一个菜单。

图 9-33 “图层”菜单

(3)在图层快捷菜单中点击“混合选项”，打开“图层样式”对话框，如图 9-34 所示。对话框中有十多个字体特效可供使用，其中包含投影、内阴影、外发光、内发光、斜面和描边等，要让这些字体特效应用于录入照片中的文字，必须在使用前先将其勾选，并且单击“好”按钮，原照片就添加了与画面内容相一致的“镂空浮雕阴影”的特效字，如图 9-35 所示。

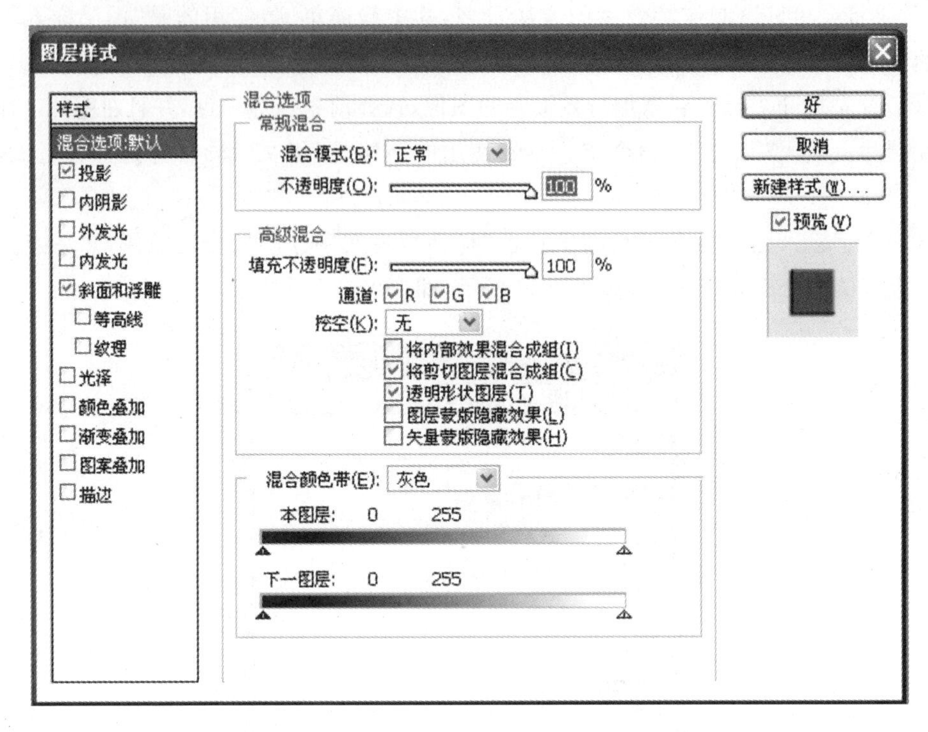

图 9-34 “图层样式”对话框

图 9-35 添加“镂空浮雕阴影”特效字的画面

复　习　题

1. 如何将数字图像输入和输出电脑？
2. 如何安装、运行与删除 Photoshop 8.0 软件？
3. 如何利用 Photoshop 8.0 软件浏览、打开与保存图片？
4. 如何操作 Photoshop 8.0 中工具栏的内容、功能？
5. 如何操作 Photoshop 8.0 中菜单栏的内容、功能？
6. 如何操作 Photoshop 8.0 中控制面板的内容、功能？
7. 如何调整 Photoshop 8.0 中图像的大小和显示方式？
8. 怎样调整 Photoshop 8.0 中图片的方位、对比度和亮度？
9. 如何在 Photoshop 8.0 软件中合成图片？请举例说明。
10. 如何在 Photoshop 8.0 图片中输入各种文字？

第十章 >>>

传统摄影与图像处理

黑白胶片摄影是一种历史悠久的传统摄影，自从有了黑白影像后，胶片就记录下了无数精彩的瞬间。黑白胶片摄影设备简单，操作容易，是学习传统摄影的最佳设备。要学会传统摄影，首先应该学会使用传统照相机，掌握好曝光和调焦的技术，特别是手动曝光技术，然后掌握黑白胶片的冲洗、印相和放大技术。

第一节　传统照相机的基本结构

传统照相机的种类繁多，有各种各样的型号和样式，但基本结构却大同小异，都是由镜头、机身、快门、输片装置、取景和调焦和连闪装置等基本部分构成，如图 10-1 所示。

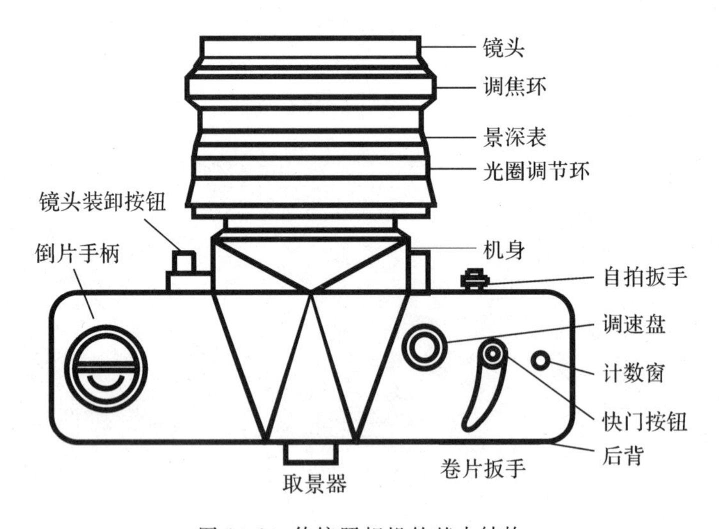

图 10-1　传统照相机的基本结构

一、镜头

镜头是光学成像元件，它使被摄景物成像于感光胶片上。镜头分为固定式和可拆卸更换式两种，一般镜头内部都设有光圈和快门，通过调整光圈的大小和快门的速度，控制进入镜头的光线。

二、机身

机身是照相机的躯干，它是支撑照相机各个部分的骨架从外部看，它是一个暗箱，前面安装有镜头，后壁放置感光胶片。它的主要作用是把从镜头中进入照相机的光线与外界的光线隔离开，让它们安全地到达感光片或光电成像装置上。所谓安全，就是不受任何其他光线的干扰，因此，机身每一部分都必须严实密封，不能露一丝光线。

三、输片装置

输片装置紧紧地附在照相机的后背上，它的位置与镜头垂直，位于镜头的焦平面上。输片装置的形式与结构是根据感光片的类型来设计的，有的为装散页片而设计，有的为装宽胶卷而设计，有的则为装窄胶卷而设计。

除上述主要装置外，传统照相机还有一些重要的装置，如快门、取景器、测距器、连闪装置，等等，这些装置中有些与数字照相机相同，我们就不再讲述，另有一些装置将在本章第二节中详细介绍。

传统照相机中还有一些附属装置，如计数器、自拍机构、感光度调节钮、调速盘、倒片手柄、倒片钮、物距标尺、测光表，等等，这些装置比较简单，我们将在实践环节中介绍。

第二节 传统照相机的取景调焦机构

一、取景器

取景器是传统照相机的重要部件之一，是摄影者在照相机上观察被摄景物的地方，是显示被摄景物的大小，确定构图画面的装置。它的种类很多，有简单方便的聚焦屏取景器，有同轴反光式光学取景器，有平视光学取景器，等等。下面介绍几种常见的取景器。

1. 聚焦屏取景器

聚焦屏取景器主要应用在大型照相机上，如照相馆使用的座机。

聚焦屏取景器是在照相机机身后部的焦平面处放置的一块特制的磨砂玻璃，在拍摄时先将照相机固定，取下后背片夹，放上磨砂玻璃聚焦屏，然后开启快门并将光圈开到最大，调焦测距，景物的光线通过镜头会聚到聚焦屏上并结成清晰的影像，此时影像与被摄物相比，左右相反，上下颠倒，然后关闭快门并将光圈调到合适的位置，取下磨砂玻璃聚焦屏并装上片夹，就可进行拍摄。这种取景器的优点是结构简单，成像无视差。

2. 反光式光学取景器

反光式光学取景器有两种基本结构，分别是单镜头反光式和双镜头反光式。

单镜头反光式光学取景器是在机身内安置一块与镜头主轴成45°角的反光镜，在调焦屏上方装有一个屋脊五棱镜。在取景时将反光镜落下，被摄物的光线通过镜头到达反光镜并被反射转折90°到达机身顶部的调焦屏上，再通过五棱镜，我们便可在目镜中直接观察到被摄景物的影像。如图10-2所示的光路又称同轴无视差光学取景器，它是中、高档传统照相机常用的一种取景光路。

双镜头反光式照相机有两个镜头，其中一个镜头用来取景调焦，另一个镜头用来拍照。在取景物镜的后面有一块与主光轴保持45°角的反光镜，它将取景物镜会聚的影像转折90°后送到磨砂玻璃上，供摄影者俯视观察。通过磨砂玻璃看到的影像与景物上下位置相同，左右位置相反，如图10-3所示。

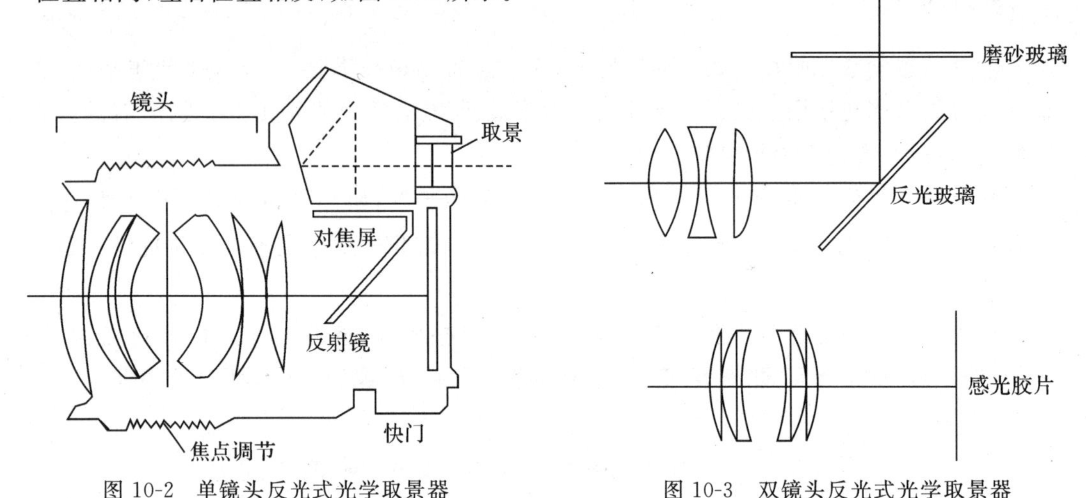

图10-2　单镜头反光式光学取景器　　　图10-3　双镜头反光式光学取景器

3. 平视光学取景器

平视光学取景器一般由取景物镜（平凹透镜）和取景目镜（凸透镜）组成。它利用逆伽利略光学成像原理，将影像缩小，一般平视光学取景器都安装在机身的内部。传统照相机的平视光学取景器与光学测距器合在一起，为一个观测孔，同时取景测距，并能校正视差。平视光学取景器，由于取景光路与摄像光路平行，所以又称为旁轴式光学取景器，如图10-4所示，它可以直接平视观察被摄景物的运动方向和变化，拍摄运动物体极为方便。

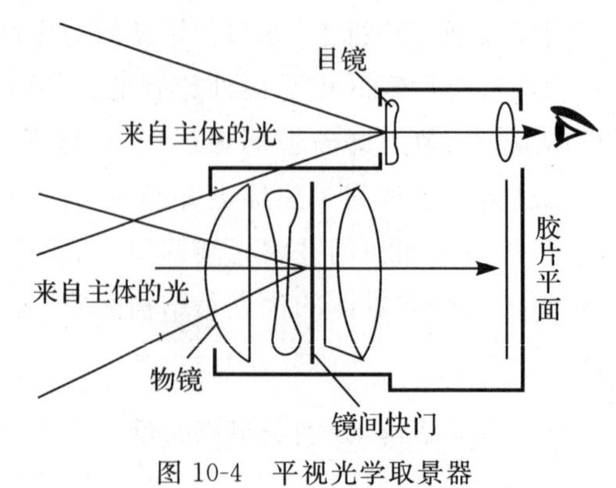

图10-4　平视光学取景器

这种取景器的优点是，拍摄时相机震动很小，利用闪光灯拍摄时，能与所有快门连动；缺点是取景与拍摄之间视差较大，照相机的镜头不可以自由更换。

二、测距调焦

为了使被摄物体通过镜头在感光胶片上结成清晰的影像，拍摄前必须调准焦距。如果调焦不准，即使曝光正确，拍出来的照片也是模糊不清的；只有调焦准确，才能够得到清晰的照片。

调焦又称聚焦或测距。要获得一张清晰的照片，一定要把照相机镜头放到一个合适的位置上。传统照相机的调焦模式与前面介绍的数字照相机的调焦模式基本相同，这里就不再介绍了。

第三节　传统照相机的使用与维护

传统照相机是一种既复杂而又精密的仪器，只有精心妥善地保养，掌握一些照相机的基本使用和维护知识，才能确保相机经久耐用。

一、传统照相机的使用

(1)在使用照相机之前，应该详细阅读厂家提供的说明书，熟悉照相机的结构特点、使用方法和操作注意事项，并严格按照相机使用说明书的要求进行操作。在未掌握照相机各部件的功能和使用方法之前，不要乱按乱扭，特别是扭不动时，不要使劲去扭。只有完全了解和掌握所使用的照相机后，才能外出拍摄。

(2)在装感光胶片前应检查照相机，看看各种功能是否正常，具有电子功能的照相机，需要装入电池，打开电源开关后，方能显示各种功能。装片要准确，片头要挂牢，卷片上弦动作要准确到位，否则会按不动快门按钮或快门无法释放。有些照相机自拍时有一定顺序要求，注意按操作顺序进行。

(3)在照相机上选好所用感光胶片的感光度，然后测光，在测光所得数值的基础上依据创作意图调整好所需的光圈大小和快门速度。快门是由相当复杂的一套齿轮、弹簧、杠杆组成，且各级速度都校正得十分精确，如果受到震动或操作不慎，容易发生问题，所以调整时应小心操作。

在使用镜间快门的照相机时，一般需先将速度调整好，然后再上快门，一旦快门上好就不要再调速度了，若非调不可，则应将镜头盖上，按下快门钮，等于拍了一次，然后重新调好快门速度和上好快门；如果上快门和转片是联动的，一般也应如此，但由于不能随意按快门，按一次快门等于浪费一张胶片，虽勉强可调一两级速度，也应少调为佳，否则容易损坏相机。

(4)快门速度一般不可以采用两挡之间，因为每级快门速度都是由机械装置精确控制的，不能使用两个速度之间的快门，否则容易损坏快门的齿轮和弹簧。电子控制快门的照相机例外。

(5)对被摄体进行精确调焦，确保在感光胶片上得到清晰的影像。根据景深原理，不精确调焦也可以拍出看上去比较清晰的影像，但精确调焦后影像是最清晰的。在任何情况下，都应该尽可能精确地调焦，而且调焦的部位应该是画面主体的主要部位，如果拍摄的是人物，一般调焦点是人的眼睛。

(6)持稳照相机，对被摄体进行拍摄。在按动快门时，应轻轻用食指触动，不能整只手用力，食指用力也不能过猛。使用 1/30s 以下的快门速度时，尽可能使用三脚架、快门线，或用自拍装置来保证照相机的稳定。镜头的长短也是影响照相机稳定的重要因素之一，一般所选快门速度应高于镜头焦距的倒数。

(7)拍摄完毕后，应尽早取出感光胶片进行冲洗。

二、传统照相机的维护

照相机结构复杂，集精密机械、光学、电子于一身，为了确保其功能的正常发挥和使用寿命的延长，必须对照相机进行精心维护。

(1)平时我们要确保照相机各部件的清洁、干净，特别是要注意保持镜头的清洁，不要用手指触碰镜头表面，以免留下手印。摄影镜头落有灰尘时，不要用脱脂棉、手帕、面巾纸等擦拭，以防将镜片划伤。镜头表面灰尘较多时，可用橡皮吹气球吹掉。为了保护镜头，可在镜头前安装一片滤紫外线的 UV 保护镜，UV 保护镜既可滤除紫外线的干扰，又可使拍出的照片更加清晰。

(2)对于摄影镜头，要防潮、防震、防碰撞、防摩擦、防雨淋、防日晒、防风沙、防温度骤变、防腐蚀气体侵袭，不拍摄时，应该随手盖上镜头盖，更换镜头时，对卸下的镜头应立即盖上后端保护盖。

(3)照相机不用时，应把摄影镜头调焦环调至无限远，使镜头缩回。光圈应调至最大，以利于保护光圈的叶片。

(4)长时间不使用照相机时，快门速度应调在 1/30s 以下，最好是放在 B 门，因为快门速度越高，其弹簧拉得越紧。如果弹簧长期处于紧张状态，会逐渐失去其效力，影响快门速度的准确性，放在 1/30s 以下，其弹簧基本上处于松弛状态。

(5)较长时间内不使用自动照相机时，应卸去照相机内的电池，防止电池漏液损坏照相机。有测光系统和电子快门、程序快门的照相机，应远离强电场和强磁场，否则会损坏照相机电路的自动程序。

(6)照相机怕潮、怕湿、怕震动，特别是在天气温度降到零下 20℃时，可能使照相机的快门打不开，必须采取一些保温措施。

第四节　黑白胶片的冲洗

黑白感光片经过曝光拍摄，只是完成了摄影的一部分主要工作，以后的工作在暗房内进行。感光片经过照相机镜头感光后，在药膜上产生潜影，这种潜在的影像看不见也摸不着，只有在暗房内经过多种化学药品处理，进行一系列的冲洗后，才能产生负影像，得到了一张具有可见影像的底片。底片影像的明暗和实际景物的明暗正好相反，所以又称为负片，有了负片，才能制作出许多张正片来。拍摄时若受各种条件的限制，影像在某些方面不够理想，这时如果有一个暗房工作的能手，也能在暗房中利用各种手段对负片加以纠正，得到一张较为理想的照片。相反，暗房工作完成得不好或者失败，即使拍摄得再好，也会前功尽弃。

负片的处理，包括显影、停显、定影、水洗和干燥等工艺程序，这都是一些精细而重要的工作。为了做好暗房工作，首先应该从理论上认真学习，并通过实践环节不断提高冲洗水平，这样才能掌握暗房操作技术。暗房工作很科学，也很重要，绝不能忽视，否则会产生大量的废片。

一、显影

显影过程是一化学还原过程。由显影液进行化学分解，使胶片感光乳剂膜中已感光的卤化银粒子还原为黑色的银盐粒子，并使这种黑色银粒子与溴元素分离。感光乳剂膜中那部分未感光的银盐粒子，不起还原作用，将在定影过程中被清除，由存留在片基上的黑色银盐粒子，构成负影像。

黑色银盐粒子密度的大小，由曝光量的多少而定。拍摄时，景物本身的亮度有明暗等级的差别，景物明亮部分的光线强，感光的银盐粒子就多，显影还原的黑色银盐粒子也多，黑色粒子多，在底片上就产生黑色堆集现象，所以，密度就大；反之，景物光线暗的部分，光线弱而使银盐粒子感光少，还原成黑色的银盐粒子也就少，底片上没有黑色银盐粒子的堆聚现象，这部分影像的密度就小，底片呈现透明状。由于黑色银盐粒子密度不同，底片上出现了黑、白、灰各种不同的层次，就是这些不同的层次，组成了胶片的负影像。同样的道理，光源通过负影像，投射到能感光的放大纸或印相纸上，使其产生潜影，再经过显影还原的过程，就成了正影像，这就是照片印相和放大的原理。

胶片的显影过程，也称冲胶卷，是暗室工作中最重要的一个环节，应特别细致地严格按照操作程序进行。一张照片洗坏了，可以重洗一张，但一个胶卷冲坏了，就只能前功尽弃了，即使补救，效果也非常不理想。

胶卷显影的方法有盘中显影和罐中显影两种。

1. 盘中显影

盘中显影是一种最简单的方法，显影液少，显影快，少量胶卷显影时用此法比较好。

盘中显影的全过程应在黑暗且无漏光的暗室内进行。显影的工具非常简单，只需三只浅盘，一盏暗绿色的安全灯，一个定时钟和一个温度计。

三只浅盘也可用大碗代替，但要求盘面或碗面光滑、平整，如塑料、搪瓷等材料制成的盘碗；三只盘子分别用来盛显影液、清水和定影液。显影前按各自配方的要求配好显影液和定影液，按要求控制好室温。

显影时将 120 胶卷从黑色护纸中取出，如果是 135 胶卷则应从暗盒中取出，最好在清水中浸泡一两个来回，然后投入显影液中显影，并开始计算时间。

盘中显影的操作方法基本有两种，第一种方法是用夹子夹住胶卷的两头，胶卷的乳剂膜朝上，浸入显影液中，来回拉动，如图 10-5 所示。操作时，应保证显影液在乳剂膜上均匀流动。

第二种方法是将胶卷水洗后，利用其胶卷卷曲的特点，先将一头浸入显影液中，然后迅速地全部浸入，并来回倒片，如图 10-6 所示。一般来说，前四、五个来回倒片速度应快速而均匀，以后倒片的速度可以缓慢一些，当一次显影 2～3 个胶卷时，一定要注意倒片的速度，以免显影不匀，若没有把握，最好一次只显影一个胶卷。

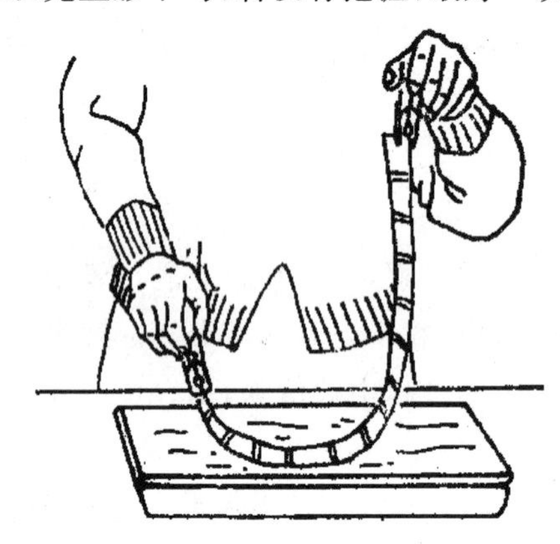

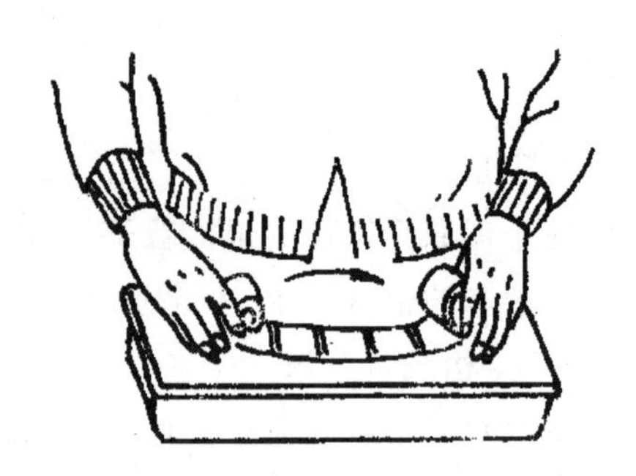

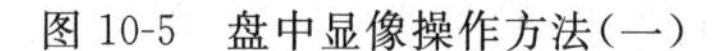

图 10-5　盘中显像操作方法(一)

图 10-6　盘中显像操作方法(二)

盘中显影的优点是可以在暗绿色安全灯下直接观察显影过程，一般在规定显影时间之前的 2～3 分钟进行观察，如果曝光较多，提前 2～3 分钟观察时，可适时决定提前完成显影；如果曝光不足，可以延长显影时间，直至显影合适为止。

观察的目的，主要是看影像还原的程度，当影像出现的反差密度适当时，显影完成。观察时由于影像中还有很多乳白色未还原的银盐粒子，影像是模糊不清的，加之绿色灯光微弱，只能看到一个大概。头几次观察可能经验不足，显影厚薄掌握不了，但操作几次后，心里就有数了。

观察时，绿灯不能太亮，胶卷与灯的距离也不可太近，观察的时间也不要过长，否则也会产生漏光，使负片发生灰雾。

盘中显影虽有许多优点，但是也有很多缺点：一是胶卷与空气接触机会多，容易产生灰雾；二是如果操作不慎，容易划伤负片；三是显影液易于氧化。用手工操作，显影液的温度会不断上升，在温度较高时，乳剂膜经水泡后会变得松软、膨胀，更容易擦伤负片。由于上述种种弊端，人们多采用罐中显影的方法。

2. 罐中显影

罐中显影是另一种显影方法，它能避免上述缺点，安全可靠，操作简便，又能保证显影质量，常常被人们采用。罐中显影只需一个暗袋，全部操作均可在自然光下进行。在没有暗房的旅行采访中，这种方法更加方便，如图 10-7 所示。

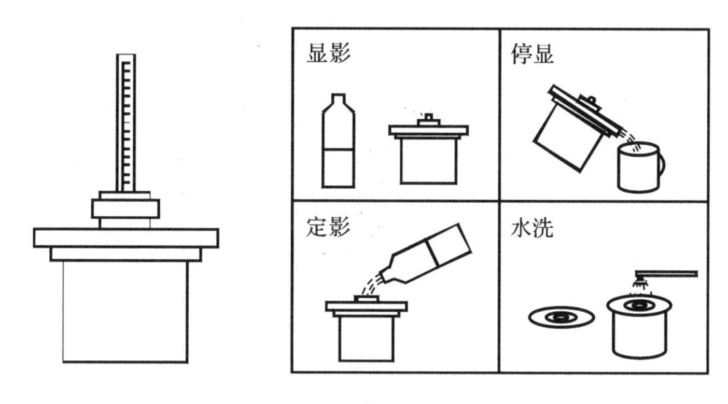

图 10-7　罐中显影法

显影罐通常有黑塑料(或胶木)和不锈钢两种，其规格大小一样，135 胶卷和 120 胶卷均能冲洗。缠绕胶卷的方式分为胶带式和轨道式两种。

胶带式显影罐是将透明白色胶带和胶卷重叠在一起缠绕在显影罐的中心轴上。这种胶带分 120、135 两种，胶带两边凹凸不平，胶卷和它叠在一起卷曲时，这些凹凸不平的边缘起着隔开胶卷和胶带的作用，在胶卷和胶带之间产生一定的隙缝，便于显影液的循环，使胶卷乳剂膜与显影液能均匀接触，如图 10-8 所示。

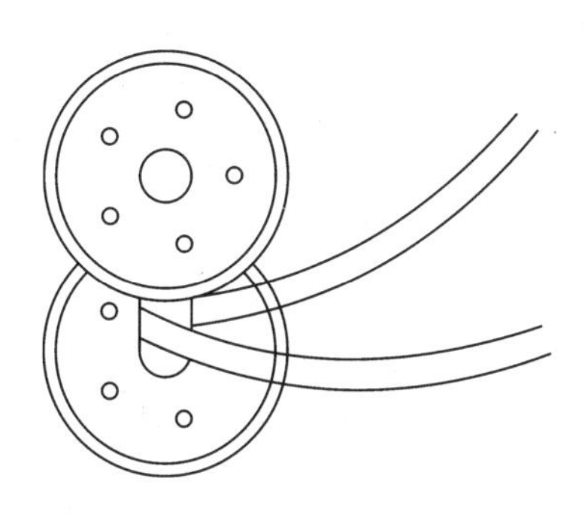

图 10-8　胶带式显影罐

轨道式显影罐的轴上有两道上下相同的凹槽，凹槽与凹槽的距离，就是胶卷卷曲的距离，胶卷卡入凹槽内固定，间隔也是便于显影液的循环，以及胶卷乳剂膜与显影液均匀接触。

轨道式显影罐有两种，装胶卷的方法各不相同。一种是插入式的，胶卷轴的轨道虽距离固定，但上下两片凹槽能够活动，操作时将胶卷的一端插入轨道后轻轻按住胶卷的背面，来回扭动上下两片凹槽，胶卷就被装了进去。另一种是固定不动的不锈钢架式胶卷轴，它从里往外装胶卷，这种轴的里层有一个弹簧压板，胶卷的一端稍加弯曲压在弹簧板下，然后顺着轴的槽旋转，就可从里向外将胶卷全部缠入轨道。应该注意，胶卷应平行旋入上下轨道，不可错位，否则会使胶卷粘在一起，导致局部不显影。

无论是哪一种显影罐，其显影效果都是一样的，显影方法也相同。首先，都要在暗房或者暗袋内将胶卷缠好，放入显影罐中，将盖子盖上，然后置于自然光下待显。按温度将显影液的配方调好，徐徐倒入显影罐中，立即转动胶卷搅动钮，开始计算时间，并上下不停地晃动不锈钢显影罐。正常显影时，开始第一分钟应不停地搅动，然后每一分钟搅动 5～10s，直至显影完成。显影时间究竟要多少分钟，要视配方的要求和对显影的特殊要求而定。这种显影方法的特点是定时定温，温度保持一定，到规定时间便完成显影，不能观察。倒出显影液后，立即加入停影液，最后倒入定影液定影，成败就在此一举。

显影完成后，应随即进行停显、定影、水洗和干燥。这些工序虽然没有显影重要，但忽视了哪个环节也得不到好的负片，或者所得负片不能长期保存。

二、停显

停显是一道辅助工序，有时也可不进行停显，只用清水冲洗，除去残留在负片上的显影液，然后进行定影。定影最好是用酸性定影液，这样，在定影的过程中也能起到停显的作用。不用停显液的缺点是，在清水冲洗时，只能冲去表面的显影液，残留在药膜深部的显影液，得不到中和，可能还会继续显影。尽管这种显影作用是微小的，但在有条件的情况下还是应该单独进行停显。

三、定影

定影是显影后的一个重要工序。定影不彻底的负片，容易变质，不能长期保存。一般定影的时间，在新鲜的药液中浸泡 5 分钟即可透明，这说明大部分未曝光的银盐粒子被溶解，但还是有少量细微的银盐未溶解，必须彻底消除。因此，在透明后仍需要继续定影 5 分钟，这种方法称为双倍定影法。这样处理过的负片不会变质。

定影液的温度，一定要控制在 18～20℃范围内，超过这个范围，如高到 30℃以上时，不仅能使胶卷发生膨胀、松软，而且还能使海波析出硫黄，失去定影效力。另外由于硫黄渗入乳剂膜内，能使还原的影像褪去，产生不良显影效果，这是非常有害的。

定影液还容易产生沉淀物质、斑渍和气泡。一旦发生上述情况，应进行过滤，调整酸碱值，否则会使负片污染，严重时应更换新鲜定影液。1000mL 定影液一般只能定影20 个左右的胶卷，但由于药力的原因，常在定影 10 个胶卷以后，要逐渐增加定影时间，以保证定影质量。

四、水洗

胶卷定影后，必须用清水彻底冲洗，将负片上残存的海波和其他化学物质彻底清除掉，没有冲洗干净的负片，容易产生化学反应而变质，不能长期保存。水洗时间应由所采取的方法而定，在活动的自流水中，需要20～30分钟；如将胶卷置于静止的水中用换水方法清洗，时间应加倍，而且要翻动数次，换水三、四次才能清洗干净。水洗的温度，以20℃左右最为适宜，如温度较低，水洗时间稍加延长，温度最高不得超过22℃，否则胶卷会发生膨胀和松软。

欲知胶卷上存留的定影液等物质是否洗净，可将呈紫红色的1∶450的高锰酸钾水溶液置于盆中，胶卷从水中提出，使胶卷上附着的水，滴入试验液中数滴，如果紫红色迅速退去，呈橙色或黄色，说明未清洗干净，应继续清洗，直到试验液的颜色不变为止。

五、干燥

胶卷清洗后，应进行干燥，干燥不彻底，胶卷容易发生黏连和霉变。干燥时先将胶卷从水中提出，用海绵或脱脂棉，在胶卷两面轻轻擦拭，不要留下水渍，然后置于通风干燥处晾干。最理想的干燥方法是在特制的干燥箱内烘干，这样既干净又快速。这种干燥箱一般用电热丝和电风扇或装红外灯泡进行加热，但温度要严加控制，不得超过35℃，否则会使乳剂膜溶化或使粒子变粗、胶卷变形。

如果急于使用负片放大，可采取两种应急办法来干燥胶卷：一是湿片放大法；二是将胶卷置于不太浓的酒精中浸泡一下，擦干后放入干燥箱中晾干，便可缩短干燥时间，切忌在太阳光下曝晒或用急火烘烤，以免造成胶卷变形和胶膜溶化。

至此，胶卷冲洗过程全部完成。胶卷干燥后，最好剪开分别装袋，以免压折或摩擦损坏。

第五节 黑白胶片的印相与放大

感光胶片经过拍摄曝光和显影、定影后，成为一张与实物黑白色调完全相反的负片。实物上的阴暗部位，在负片上是接近透明的，实物上的明亮部位，在负片上呈现为黑色。摄影的目的就是要获得一张与实物色调相符的照片，印相和放大就是将负片转变为照片的两种方法。

要实现负片与正片的转换，必须使用相纸。

一、相纸

1. 相纸的种类

相纸又称感光纸，根据用途的不同，可分为印相纸、放大纸和印放两用纸，这三种相纸的主要区别在于涂抹在纸基上的感光乳剂层中的银盐成分不同。印相纸专供印相使用，它是由氯化银乳剂涂布而成，感光速度较慢，银盐颗粒细，影纹细，表现力强，印相可在深黄色或红色的安全灯下操作。放大纸专供放相使用，它是由溴化银乳剂涂布而成，感光速度较快，银盐颗粒比印相纸粗。溴化银对光的敏感度大于氯化银，一般放大纸比印相纸的感光速度约快十倍，放大纸应在暗橙黄色或深红色的安全灯下使用。印放两用纸的感光乳剂是由氯化银和溴化银混合而成，感光速度介于印、放纸之间，既可用于印相，也可在放相时使用。

2. 相纸的结构

相纸由纸基、钡层、感光乳剂层、保护膜四部分组成。相纸的纸基采用钡底纸，这种纸具有较好的抗水性，能耐酸耐碱，在冲洗加工中不会松散分层，起毛起泡，纸质纯度高，伸缩性小，经冲洗晾干后，照片的影像不会走形变样。

钡层是在纸基上涂有一层含硫酸钡的薄层，用来填平纸基上的微小细孔，防止吸水，以弥补纸基的缺陷，同时具有黏合乳剂膜和纸基的作用，防止感光乳剂层从纸基上脱落。

感光乳剂层由卤化银、有机染料和明胶配成。感光乳剂层对各种波长的光都有感光作用，是记录影像的基本材料。感光乳剂层中所含的银盐成分不同，其感光的速度也就不同，相纸的用途也不同。

保护膜是在乳剂层的表面涂一层透明的薄膜，以保护乳剂层，使其不会因轻微的机械摩擦而划伤感光乳剂层，并能增加纸面的反光。

3. 相纸的反差性能

相纸的反差性能是指黑白色调之间的对比度，差别大的称为反差强或“硬”，差别小的称为反差弱或“软”。相纸按反差强弱的不同，又分为软性纸、中性纸和硬性纸。相纸无论是盒装的，还是纸包装的，在纸盒或纸包袋上都有明显的标志。如“1”号、“2”号、“3”号、“4”号等，这些号数表示了相纸的反差性能，号数小的反差弱，号数大的反差强。国产相纸分为 1～4 号，1 号相纸属于软性相纸，其反差弱，对景物强光部分的影纹表现较好；3 号、4 号相纸属于硬性相纸，其反差强，对景物弱光部分的影纹表现较好；2 号相纸属于中性相纸，其反差介于 1 号和 3 号相纸之间。不同反差的相纸，感光速度也不一样。一般说来，号数小，感光速度快，号数大，感光速度慢，3 号相纸就比 2 号相纸的感光速度要慢一些。

4. 相纸的表面形态

相纸的表面形态有两种，即光面和绸纹。光面纸又称大光纸，密度较大，制出的照片，影像层次丰富，用大光纸印制的照片需要上光才有光亮度。绸纹纸是一种无光纸，在纸基表面压有粗细不同的绸布似的花纹，由于表面纹路凹凸不平，使光线漫射，因此可获得影调柔和的效果。

二、黑白印相

负片印相就是用底片印制成照片。印相的原理是将底片有乳剂膜的一面和感光纸有乳剂膜的一面，紧紧地贴在一起，光线通过底片后，使感光纸曝光，随即产生潜影，经过显影还原等工序，即可获得具有黑、白、灰各种层次的照片。

1. 印相的基本器具

印相的器具，除三只显影、停显、定影浅盘外，还需红色安全灯一只、竹夹两个、晒相夹或晒相箱一个。

2. 印相的操作程序

首先要观看底片的反差情况，决定选用什么性能的感光纸。反差适中的底片，选用2号感光纸；反差较小的底片，选用3号感光纸；反差较大的底片，选用1号感光纸。初学者第一次印相不一定能准确地看出使用感光纸的号数，可以先进行试印，如选用2号纸印出照片偏软，反差小，色调灰浅，则可改用3号感光纸，如此多次实践后，即可逐步掌握。

其次，用不透光的黑纸，刻成大小不同、形态各异的纸框，如方形、长方形、圆形、桃形、叶形，等等，根据自己的爱好和照片内容加以选用，先将黑纸框放在晒相夹的玻璃上，晒相箱亦可，将底片乳剂膜朝上，套在纸框上进行选取，需要的部分露在纸框范围内，然后将感光纸的乳剂膜面紧贴在底片上，用晒相夹的活页夹板压牢，即可进行试曝光。

曝光量很难说得准确，要根据曝光的光源强弱、感光纸的感光速度、底片的密度等因素才能确定。在没有把握的情况下，要进行多次试验，才能掌握。首次试验曝光为10 s，经过显影后，观察曝光时间是否合适。如曝光不足，照片色调浅而层次少，黑的部分黑不深，白的部分没有层次等，则应增加曝光时间；如果曝光时间过长，则显影快，影调呈暗灰色，反差弱，即可减少曝光时间。反复试验几次，便可掌握正确的曝光量。

显影、停显、定影、水洗等工序，大体和胶卷显影时的工序相同，只是操作时改用夹子。干燥时如有上光干燥机最为理想，将充分水洗后的照片，有乳剂膜的一面紧贴在上光板上，置于上光机中，用上光胶滚来回滚压，挤走照片与上光板之间的水渍和空气，压不实或挤不尽水渍和空气的地方，照片会显得花斑过多而不明亮，而后将上光机的帆布盖压紧扣死，通上电源干燥，当照片自动脱离上光板时，即可获得光彩夺目的好照片。

在没有上光机设备的情况下，也可利用表面光洁无痕迹的玻璃板来上光。其方法与上光板相同，但不能用火来烘烤，以免玻璃受热不均匀发生破裂，在阳光下自然晒干或通风处自然晾干即可。在上光之前，须将玻璃板清洗干净，并擦上少许滑石粉，否则，照片干后会拿不下来。

三、黑白放大

印相所得到的照片是原底片的大小。大部分小型照相机，底片的幅度都偏小，印相不能满足观赏、展览照片的需要，只能作为小样留作资料或剪裁样片时使用，而一些用于展览的作品，必须进行放大。影像放大的目的在于扩大照片的倍率，使画面更清晰、更具有观赏性。放大的优点，一是照片的影纹层次，特别是细微部分能得到充分的表现；二是影调效果可随意选择制作；三是便于在制作加工时，得到最佳效果；四是便于特技照片的制作，以得到奇特的效果。

1. 放大原理

照片的放大原理,是用放大机镜头将影像扩大,印在放大纸上的。它与照相机在近距离拍摄景物,或与翻拍细小的实物相似,只是存在一个位置互换的问题。拍摄时的物距等于放大照片时的像距,拍摄时的焦距等于放大机的“物距”。拍摄时用照亮物体的方法来摄取影像,放大时则是用照亮底片的方法,使影像曝光于感光纸上而获得影像。

放大是利用物距和像距的变化原理来扩大影像。物距(镜头与相纸的距离)大于像距(镜头与底片的距离)时,影像放大;物距和像距相等时,物和像的大小相等;物距小于像距时,影像缩小。根据这一原理进行实践,放大机不仅能使原影像放大,还能使原影像缩小。

2. 放大机的结构

放大机种类繁多,形态各异,但其组成结构大体一样。由光源(灯泡)、反光罩、灯光室、集光镜、散光玻璃、彩色滤色片和底片夹、伸缩皮腔、镜头、滤光镜等组成,如图 10-9 所示。

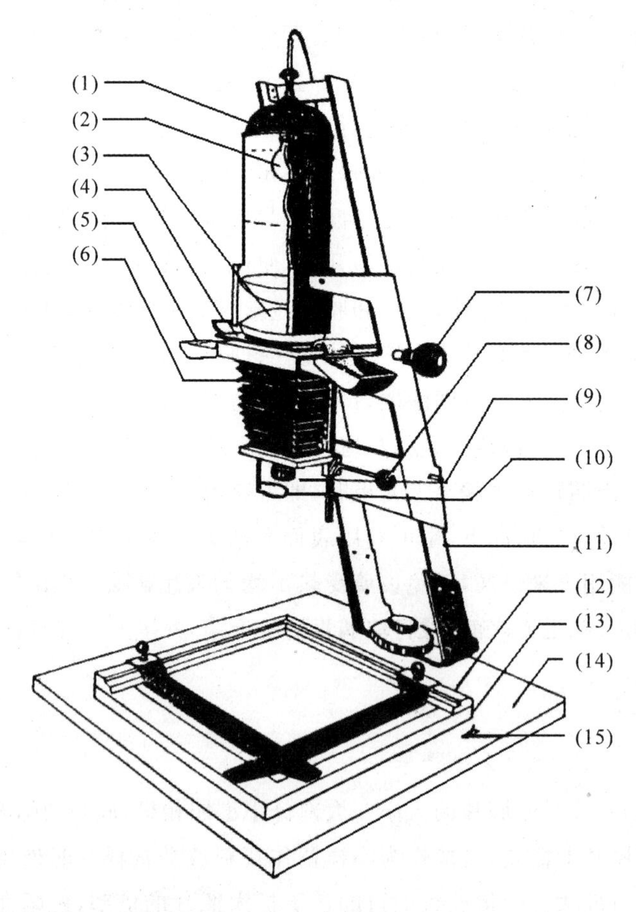

(1)灯室;(2)光源;(3)集光镜;(4)插片装置(底片夹);(5)片斗;(6)皮腔;(7)升降旋钮;(8)调焦旋钮;(9)镜头;(10)安全镜片(红片);(11)支架;(12)压纸尺;(13)呈影板;(14)底座;(15)开关

图 10-9 放大机的结构

3.放大照片的程序

(1)放置底片和调整放大尺寸 放大时，将预先选好需要放大的底片夹在底片夹内，置于放大机的底片夹插孔内，负片的乳剂膜朝下，面向放大机感光纸压板，背面朝光源。为了便于剪裁、局部遮挡等工作，在装置底片时人像头部应倒置，头部指向放大者，其放大投影才能端正，风景照片亦然。然后开启电源，点亮放大机灯泡，将放大机升降装置启动，升高影像放大，降低影像缩小，调到合适影像尺寸大小后，固定升降装置。

(2)调整焦距 在放大机皮腔处有一微调装置，可左右旋转。旋转时皮腔不断伸缩，一边调整焦距，一边看放大压板上的负影像，直到影像清晰时为止。这和照相机拍照时调焦距的原理是一样的，只有负影像的焦距调准确了，方能放出清晰的照片。

(3)调整光圈 放大机镜头也有光圈系数，它的作用基本上和照相机的光圈一样。调焦时，可将光圈全开，以便观察影像的清晰程度，放大时，适当地缩小光圈。

在放大时缩小光圈，有如下几点好处。

一是增加光线均匀度。无论哪种放大机，对其放大的影像进行仔细观察后就会发现，四周的光线或多或少地比中间稍暗。缩小光圈后，能使光线控制在镜头的中央部分，均匀地照射在感光纸上，还能纠正镜头所表现的各种像差，如球面差、慧差等。

二是能增加景深。在调整影像焦点时可能会有轻微的误差，因为相纸本身的厚度和纸体的凹凸不平，缩小光圈后，均能保证影像的清晰。

三是能减少曝光量的误差。光圈缩小后，曝光时间增加，能减少曝光的误差。缩小一级光圈，曝光时间需增加一倍。如光圈 5.6，曝光时间需 2s，这时的曝光时间误差为0.5s，为正确曝光时间的 1/4，会影响放大照片的质量。如果改用光圈 11，曝光时间可增至8s，曝光时间误差为0.5s时，则为正确曝光的 1/16，对放大照片质量没有什么影响。从这个意义上讲，缩小光圈，增加曝光时间，相当于增加了曝光时间的宽容度，光圈大，曝光宽容度小；光圈小，曝光宽容度大。

四是便于放大曝光时的各种加工。如遮挡和局部增减曝光等，光圈大，曝光时间短，一般来不及加工；光圈小，曝光时间增长，则可以从容地完成一些暗房的艺术加工。

虽然缩小光圈有许多好处，但不等于光圈越小越好。有时光圈缩小过多，反而会出现很多弊病。如光圈过小，曝光时间可能过长，受反光或慢跑光等各种条件的影响，反而使影像发生灰雾等现象。密度大的底片，光圈过小，会使高光部分的层次受到严重的损失。因此，只能根据需要和某种特殊的要求，按不同情况，适当地缩小光圈。

(4)试曝光 试曝光的道理虽与印相相同，但操作方法还是有一些差异。首先必须了解曝光的原理，它主要是根据底片的密度、光源的强弱、镜头的透光率、光圈的大小、放大尺寸的大小、感光纸的感光速度等情况来决定曝光时间。

试曝光的方法基本有两种：一种是采用典型的曝光法，在影像上，选择有典型代表性的某部分，如密度有大、中、小的部分，均用窄条感光纸铺好，进行试曝光；二是分段曝光，就是用窄条感光纸铺在负影像某部分，用三种不同的时间进行曝光，即用黑纸挡去 2/3，让其 1/3 处曝光 5s，接着挡去 1/3，又曝光 5s，全部不挡曝光 5s，其结果是，试放纸上有三种曝光时间，分别是 15s、10s、5s。用标准的方法显影、定影后，观察其曝光效果，可从中选择出正确的曝光时间，这种方法比较节省时间。试曝光必须严格按照正常的操作程序进行，不能马虎，否则会因为数据不准确，导致放大失败，既浪费材料，又耽误时间。

(5)正式曝光　通过试曝光确定放大纸的号数后，可选用试曝光中最佳的照片，按原曝光参数进行正式曝光。黑白放大和黑白印相的冲洗程序完全相同，都要经过显影、停显、定影、水洗和干燥等程序。

复　习　题

1. 传统照相机有一些什么基本结构?
2. 传统照相机和数字照相机的取景机构有何不同?
3. 传统照相机和数字照相机的调焦机构有哪几种? 如何调焦?
4. 如何正确使用传统照相机? 如何正确维护传统照相机?
5. 黑白感光片的冲洗有哪些程序? 其中哪一个程序最为重要?
6. 黑白相纸有几种型号? 在实践中我们应该如何选择?
7. 如何完成黑白照片的放大? 黑白照片的冲印程序如何?

第十一章 >>>

现代光学图像处理

普通摄影是建立在几何光学成像的原理基础上的，它们可以利用光的直线传播定律、光的反射定律和折射定律加以解释。随着光学理论的不断发展，现代光学成像技术也出现了许多新的领域，例如，形象逼真、立体感特强的全息摄影，奇特的彩色编码技术使黑白胶片可以记录彩色图像，利用光学滤波原理提高光学图像的清晰度，等等。这些理论和技术是建立在光的干涉、光的衍射等光学原理基础之上的，有些实验技术还需要使用空间频谱等现代光学理论才能解释清楚。光学图像处理技术已广泛应用于工业生产、国防技术、科学研究、文化艺术、广告商标和人们的日常生活等领域。光学图像处理的理论比较深奥，难度较大，本章只概括性地介绍一些基本原理以及制作和处理的方法。

第一节　光的干涉和衍射

普通摄影是通过物镜成像，在感光器件上将物体反射光的强度记录下来。由于感光器件上的感光物质只对光的强度有响应，对位相分布不起作用，所以在照相过程中将光波的位相分布这个重要的光信息丢失了，在所得到的照片中，物体的三维特征不复存在，改变观察角度时，也不能看到像的不同侧面。全息摄影则完全不同，它可以记录物体反射光波在一个平面上的复振幅分布，即物体光波的全部光信息——振幅和周相。因此全息摄影必须引入参考光，使物光与参考光相干叠加产生干涉条纹，再通过感光材料记录下干涉的图样。所以全息照相是建立在光的干涉、光的衍射等物理光学基础上的。空间滤波、彩色编码技术同样也是以干涉、衍射原理为基础的，增加了空间频谱等现代光学的概念。

一、光的干涉现象

光的干涉现象是一切波动所具有的基本特征之一，在历史上曾作为光波动性的重要佐证，只有波动理论才能对干涉现象作出圆满的解释。我们知道，振动频率相同、振动方向相同、周相相等或周相差恒定的波能够产生干涉现象。如果在实验中能实现光的干涉，就能证明光的波动性质，杨氏双缝实验就是最好的例子。它将同一光源所发出的光线分成两束，使它们相互叠加形成干涉条纹，如图 11-1 所示。

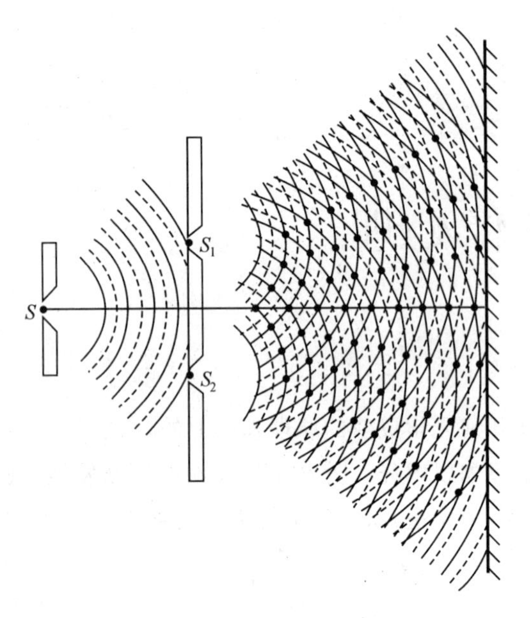

图 11-1 杨氏双缝实验

在单色平行光中放入一狭缝 S，在其后再放入两个平行的狭缝 S_1 和 S_2，这时两束光线都是从同一光源 S 处而来，虽然光源的周相随时都在变化，但所分出的两束光由于是从同一波的阵面上分出，因此它们的周相永远相同，是两束相干光。当它们在空间某处相遇时，这两束光的周相差恒定不变，在屏幕上出现一系列稳定的明暗相间的条纹，这些干涉条纹都与狭缝平行，条纹间的距离彼此相等，称它们为干涉条纹，这种现象称为干涉现象。

单色光照射在薄膜上或两块平板玻璃所夹的空气薄层上也会产生干涉条纹。肥皂膜和水面上的油膜在白光照射下呈现出美丽的色彩，有些鸟类，如孔雀、山鸡、翠鸟等美丽动物的羽毛，有些甲虫的外壳，其色调随视线方向而变化，这些都是生活中常见的光干涉现象。

二、光的衍射现象

在日常生活中，人们对水波和声波的衍射现象比较熟悉。房间里，人们即使不能直接看见窗外的发声物体，却能听到从窗外传来的喧闹声；在一堵高墙两侧的人，虽然不能见到人，但能听到对方彼此说话的声音；当我们向水中抛出一粒小石子时，水面会出现一些同心圆状的水波，这些水波可以通过障碍物（如小木块、窄缝等）继续传播。这些现象表明，当波遇到障碍物时，它将偏离直线传播的方向，绕过障碍物进行传播。这种现象称为波的衍射现象。

光的衍射现象一般不易被人们所觉察，而光的直线传播给人们的印象却很深刻。主要的原因有两点：一是因为光的波长比较短，二是因为普通光源是互不相干的面光源。以上两个方面的原因使得在通常条件下光的衍射现象并不十分明显。实验室中典型的衍射实验装置如图 11-2 所示，图中 S 为高亮度的相干光源——激光，在光源前面放置一个可调节宽度的狭缝。当缝较宽时，屏幕 E 上出现的是单缝的几何光影，中央明亮，上下两侧无光。慢慢缩小缝的宽度时，几何照明区域逐步缩小，当缝宽小到一定程度时，屏幕 E 上的几何照明区不仅不缩小，反而增大，而且在屏幕 E 上的几何照明区内所看到的是明暗相间的条纹，其中，中央明纹的宽度是其他明纹的两倍。

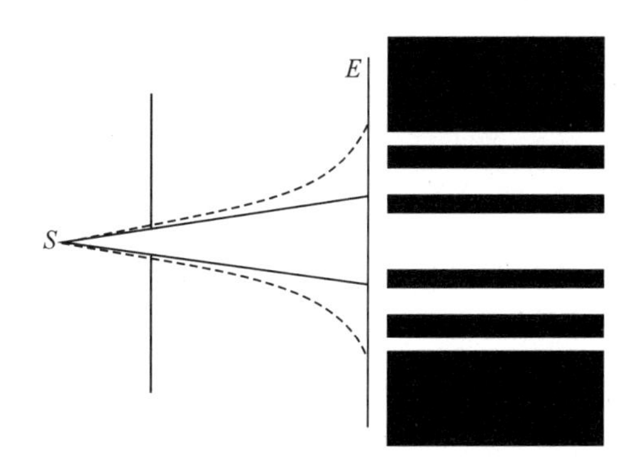

图 11-2　衍射实验装置

如果将光源 S 和屏幕 E 之间的障碍物换为细长的金属丝、细线或针，这时屏幕上也会出现明暗相间的衍射条纹。这些实验说明，当光遇到障碍物时，它的波阵面受到限制，光线绕过障碍物进行传播，在观察屏上出现衍射条纹。衍射条纹的光强分布是不均匀的，中央明纹的亮度最大，两边明纹的亮度逐步减小。理论上可以这样来解释光的衍射现象：通过狭缝的光波面，其上各点所发出的子波均是相干波源，经传播而在空间某点相遇时，相互叠加产生干涉现象，光的衍射是子波之间的干涉，是一种复杂的干涉。

三、衍射光栅

大量等宽等间距的平行狭缝组成的光学元件称为衍射光栅，简称为光栅。光栅的制造，通常是在一块玻璃平板上用金刚石刀划出一条条等宽等间距的平行刻痕，两刻痕之间则形成一个狭缝，光线可以通过狭缝进行传播，而刻痕处是不透光的。较精密的光栅每毫米有上千条刻痕，如果光栅宽度为几厘米，则狭缝数多达几万条。

光栅衍射装置如图 11-3 所示，G 为衍射光栅，S 为放置在第一个透镜焦平面上的光源（狭缝）。光源发出的光线通过第一个透镜后成为平行光，垂直地照射在光栅上，通过光栅时发生衍射现象。第二个透镜将光栅衍射后的光线会聚到观察屏 E 上，使我们能够在观察屏 E 上看到光栅的衍射条纹，这时光栅衍射所产生的条纹是又细又明亮，亮纹之间的暗区较宽。中央的明纹称为零级条纹；中央明纹两侧对称分布的条纹，分别称为正负一级、二级……明纹。

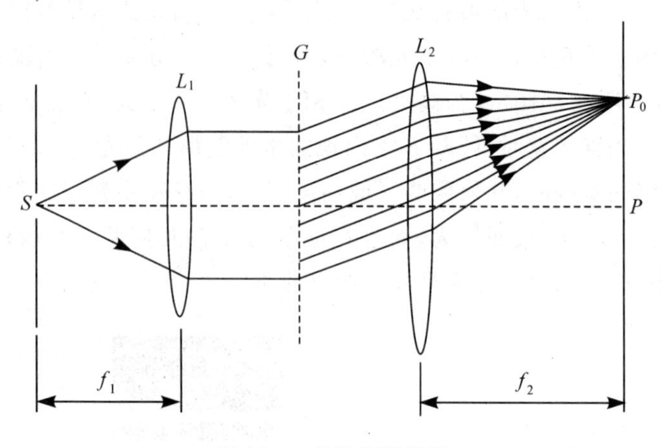

图 11-3　光栅衍射装置

对光栅来说，光线通过光栅的每一条缝和通过单缝一样都要发生衍射。光栅中各缝的宽度相同，因此各缝衍射图样也完全相同。各缝衍射光线重叠后又要发生干涉，所以光栅衍射的实质是多束衍射光之间的干涉，光栅的衍射场鲜明地表现出“多光束干涉”的基本特征。光栅被入射光照射的单元中条纹总数越多，衍射条纹就越细越明亮。

光栅的种类很多，有透射光栅和反射光栅，有平面光栅和凹面光栅，有黑白光栅和正弦光栅，有一维光栅、二维光栅和三维光栅，等等。光栅在现代摄影技术中占有相当重要的地位，它是彩色编码技术中非常重要的光学元件之一。

第二节　全息摄影

我们知道光是一种波，描述光的波动应具有两个重要物理量：一是振幅，光的强度取决于光波振幅的平方；二是周相，它是确定某一时刻在某处光振动状态的物理量。光的振幅只能反映光波的一部分信息，只有光的振幅加周相才能表征光波的全部信息。全息摄影就是利用光的干涉和衍射原理获得物体的全部光信息，形成一幅形象完全逼真的立体像。

全息摄影的原理早在 1948 年就由英国科学家 D. 盖伯(D. Gabor)博士首先提出，但是一直因为没有性能优良的相干光源，无法加以实现。直到 1960 年激光器出现，为实验提供了一种理想的相干光源，这样全息摄影才得以实现。如今，全息摄影已成为科学技术中一个十分活跃的领域，并在实际中得到广泛的应用。

一、什么是全息摄影

普通摄影是利用照相机将物体发出或反射的光波记录在感光材料上，它只记录了物体光波的强度因子——振幅信息，失去了反映物体景深的位相因子——空间信息，因此普通照片看上去是平面的，没有原物体的立体效果，所以普通照片不能完全反映被摄物体的真实面貌。

为了得到物体的真实影像，必须同时记录物体光波的全部信息——振幅和位相。全息摄影就是利用光的干涉和衍射原理，引进与物体光波相干的参考光波，用干涉条纹的形式记录下物体光波的全部信息。即利用干涉原理把物体上每一点的振幅和位相信息转换为强度的函数，以干涉图样的形式记录在感光材料上，经过显影和定影处理，干涉图样就固定在全息胶片上，这就是通常所说的三维全息照片，它可以通过光的衍射再现物体的三维立体图像。

全息摄影技术的基本原理主要是利用光的干涉和衍射理论，但无论是拍摄还是观看，都与普通摄影有着根本的不同。

二、全息照片的拍摄和观看

1. 全息照片的拍摄

全息照片的拍摄分为两步：第一步是记录，第二步是再现。记录是利用光的干涉原理把物体光波在某一平面上的复振幅分布情况记录下来，再现是利用光的衍射原理进行物体光波的再现。

全息照片的拍摄目前必须在暗室内的全息防振平台上完成，其拍摄的装置和光路如图 11-4 所示。

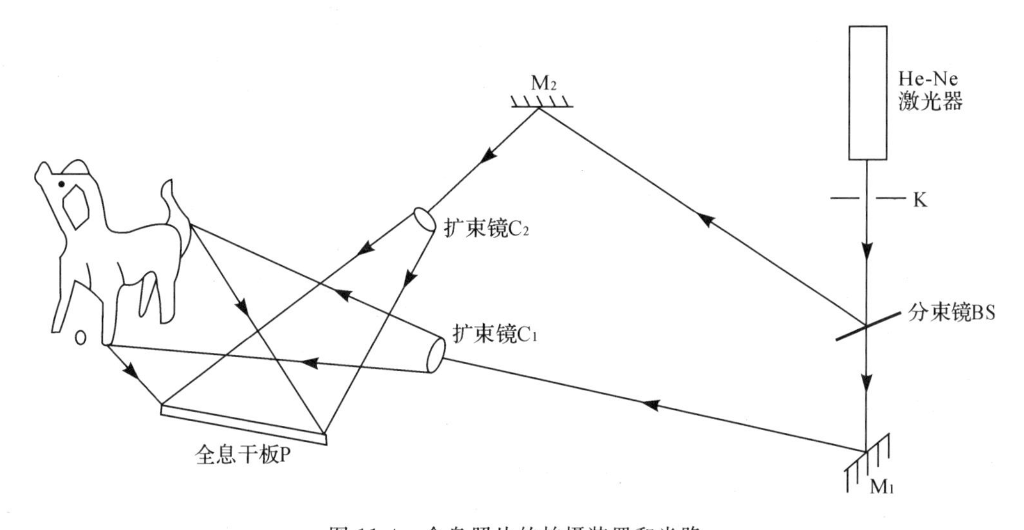

图 11-4　全息照片的拍摄装置和光路

当激光器发出激光后，由分束镜 BS 将光线一分为二，透射光线经反射镜反射后，再经过扩束镜照射在被摄物体上，这束光线称为物光——O 光；反射光线经反射镜反射后，再经过扩束镜直接照射在感光片上，因而称为参考光——R 光；两束光线在感光片 P 上相干叠加，形成干涉条纹。为了使叙述简单明了，假设参考光束是一束平行光并垂直照射在感光片上，如图 11-5 所示。该光束是由光源直接传递过来的，它在感光片上各点的周相、振幅均相同；而从被摄物体上反射过来的物光，照射在感光片上时，其各点的振幅、周相一般都不相同。当两束光线在感光片上相干叠加时，记录在底片上的是一些干涉图样，这些干涉条纹的密度和形状反映了物光和参考光的周相关系。而底片上的明暗不同则反映了光束的强弱关系，即通过干涉的方法巧妙地记录了物光波前各点的全部光信息。经过显影和定影后得到的全息照片和普通照片是完全不同的，它仅仅是把物光的全部信息都记录下来的一个极其复杂的光栅，与原物几何形状没有任何相似之处。

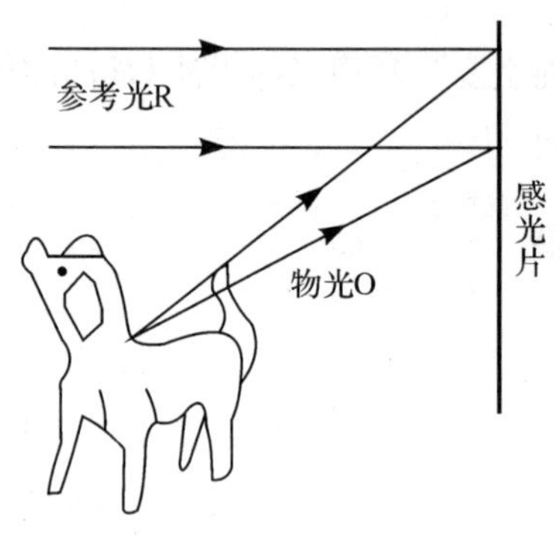

图 11-5　参考光路

2. 全息照片的观看

全息照片的观看，要利用参考光束来照射底片，如图 11-6 所示。当一束参考光照射在全息照片上时，全息照片上的干涉图样，相当于光栅对光束产生衍射，除中央 0 级衍射光透过全息照片后继续沿直线行进外，还有改变了方向的正一级衍射，它包含了物体原来的光波，即使原物不存在，也可以在屏上再现物体的实像，在光场中看到如同真实实物存在那样逼真的效果，同时另一侧还能看到一幅逼真的立体虚像，那就是全息照片的负一级衍射图样。

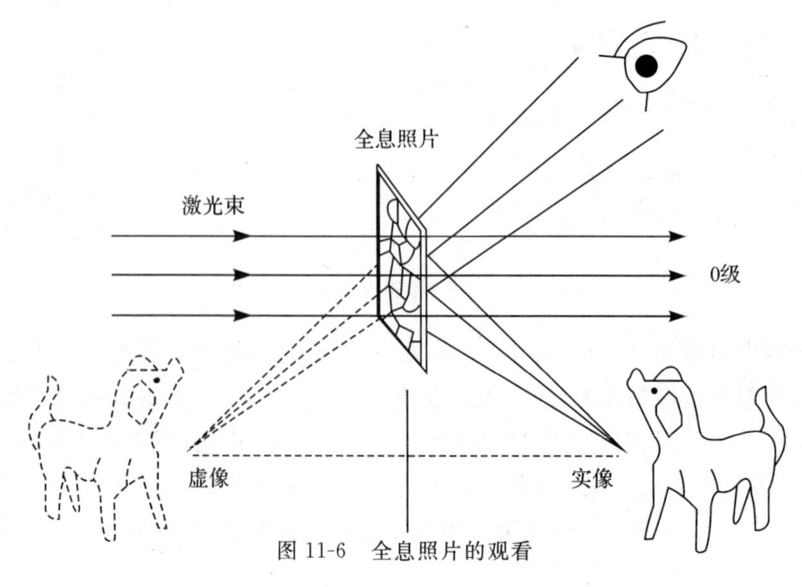

图 11-6　全息照片的观看

三、全息摄影的特点

全息摄影有许多不同于一般摄影的特点。

(1)具有形象逼真的立体图形　全息照片记录了物光的全部信息,再现的波前与原物所发出光波的波前完全相同,当移动眼睛从不同的角度去观察,就好像面对原物一样,能看到原物被遮住的侧面。

(2)具有可分割性　全息照片上任何一个小区域都分别记录了从同一物点发出的物光信息,因此全息照片的任何一块碎片都可以再现出完整的图像。

(3)具有多重记录性　一张全息照片拍摄曝光后,只要稍微改变感光片或参考光的入射方向,就可以在同一张感光片上进行多次记录。再现时,只要适当转动全息照片,即可获得各自独立的图像。

(4)图像的亮度具有可调性　改变再现入射光的强弱,全息图像的亮度也会发生变化,其明暗调节的范围可达百倍。

四、全息的应用

全息照片可以记录与再现物体的立体图形,因此,它比普通照片具有更多的优点。通过广大科研人员的不懈努力,全息摄影技术已从实验室使用激光再现图像走向使用白光再现图像,在白昼的自然环境中或者在白光照明下观察到立体图形,使得全息照片的应用越来越广泛。目前全息的应用大致可以分为以下几种类型,全息显示、全息干涉计量、全息显微术、全息信息存储、全息防伪术、特征识别和全息彩色编码等。其中仅全息显示的应用就涉及许多的领域,在艺术和广告方面的应用就特别多,人们可以将它制作成书中的三维插图、全息邮票、明信片、个人名片、贺年卡、三维地图、全息首饰、全息肖像、全息挂图,等等。全息防伪商标在工农业生产和人们的生活中的应用就是最好的例子。

第三节　现代光学成像理论

如同全息摄影一样,现代光学成像理论与几何光学成像理论有着本质的区别,但它们都与光的衍射密切相关。现代光学成像理论和方法的提出,不得不提到伟大的德国科学家阿贝(E. Abbe)。1873 年,阿贝在研究如何提高显微镜分辨本领的问题时,提出了一个关于相干成像的新理论。后来阿贝本人在 1893 年、波特(A. B. Porter)在 1906 年用实验的方法验证了阿贝成像原理。阿贝成像原理为现代光学中正在兴起的空间滤波和信息光学理论奠定了基础。

一、阿贝成像原理

阿贝成像理论与传统的几何光学成像概念完全不同,这个理论的核心是:相干成像过程是二次衍射成像，因此，阿贝成像理论又称为二次衍射成像理论。按照阿贝理论，被观察的物体可以看作是一个复杂的二维衍射光栅，当用单色平面光波照明该物体时，光线发生了衍射，在透镜的后焦面上形成与物体有关的衍射图样。如图 11-7 所示，为简单起见，假定物体是一些傍轴的小物点 ABC，此时的整个系统已是相干成像系统，像成于$A'B'C'$。那么如何看待这个系统的成像过程呢？

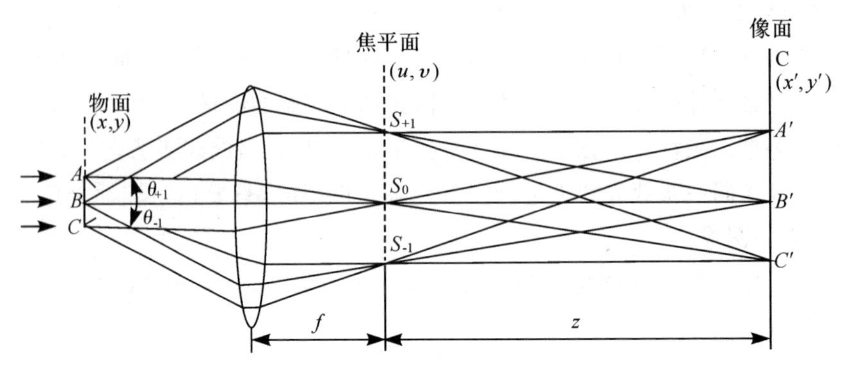

图 11-7　阿贝成像原理

一种观点着眼于点的对应，人们认为物是点 A、B、C 的集合，它们都是次波源，各自发出球面波，经过透镜后会聚到像点 A'、B'、C'，物点与像点对应，即：

$$物\begin{cases} A \longrightarrow A' \\ B \longrightarrow B' \\ C \longrightarrow C' \end{cases}像$$

这是几何光学的观点。

另一种观点着眼于频谱的转换，人们认为物体是一系列不同空间频率信息的集合，相干成像过程分两步完成。第一步是入射光经过物平面(x,y)发生衍射，在透镜的后焦面上形成一系列的衍射斑点(u,v)；第二步是多光束干涉，各衍射斑点发出的球面次波在像平面(x',y')上相干叠加，形成干涉场。如果第一步是在透镜的焦面上形成一个连续分布的复杂衍射花样，则第二步从透镜的焦面到像平面也可以理解为又一次衍射过程。这种两步成像的理论是波动光学的观点，也是阿贝成像原理。

二、空间频率

波动是一个时间和空间都发生变化的过程，沿传播方向传播的单色平面光波，是具有时间周期性和空间周期性的波，它反映出单色光波是一种时间无限延续、空间不断延伸的波动。时间和空间的周期性变化的对应关系是：

(时间周期)$T \longleftrightarrow d$(空间周期)

(时间频率)$\upsilon=1/T \longleftrightarrow f=1/d$(空间频率)

对于光波而言，其周期 T 和频率 υ 非常好理解，因此不再叙述。对于干涉，或衍射图形来说，周期 d 就是干涉（或衍射）条纹的间隔，空间频率 f 就是单位长度内的干涉（或衍射）条纹的数目，如图 11-8 所示。在概念上空间频率本应比时间频率更为直观具体，但因描述方法上的问题，空间频率比时间频率要复杂得多。

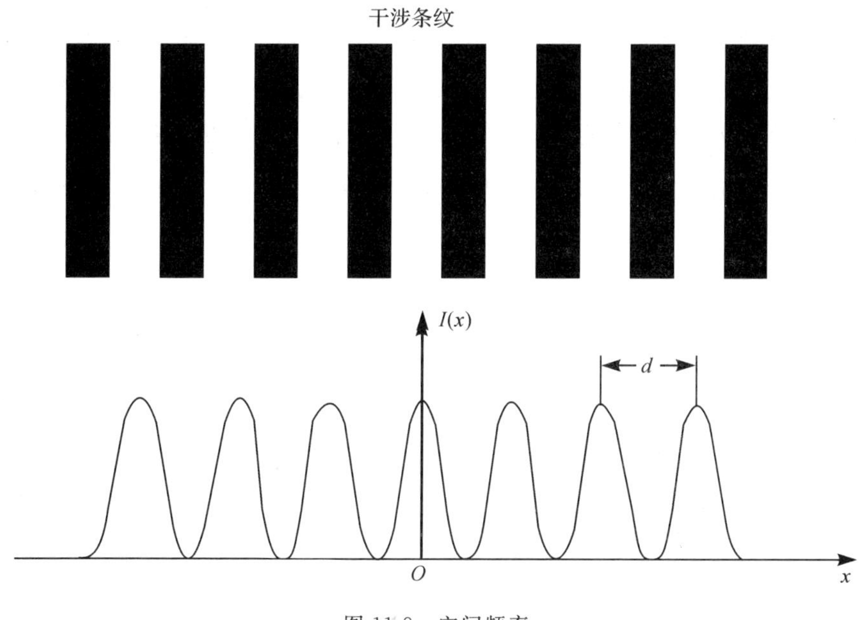

图 11-8　空间频率

三、空间滤波

前面提到物体可以看作是一个复杂的衍射光栅，所以我们可以用空间频率即频谱语言来分析阿贝成像原理。由图 11-7 可以看出，当物体 ABC 如同一个光栅时，入射的平行光束经过光栅发生衍射而分解成沿各个衍射方向的平面波，每一个衍射方向和衍射级 $k=0,\pm1,\pm2,\cdots$ 相对应。各个衍射方向的光波在透镜的后焦面上形成衍射斑点，其最大值如图 11-8 所示。从空间频率角度来看，各级衍射斑纹，反映了不同的空间频率。零级位于中央，衍射级次越高，衍射角越大，空间频率也越高。信息的空间颇率与衍射角之间有一一对应关系。

如果物面的所有频谱都能参与成像，则像面与物面应完全相同，可得到一个与原物完全相似的像。

如果进一步用频谱的语言来表达，阿贝成像原理的基本精神是把成像过程分成两步：第一步透镜起到“分频”的作用，它把物平面的波函数$\widetilde{E}(x,y)$转变为它的频谱函数$\widetilde{E}(u,v)$；第二步起“合成”作用，把频谱函数又转变为像平面的波函数$\widetilde{E'}(x',y')$。为方便起见，我们把$\widetilde{E}(x,y)$称为物函数，$\widetilde{E'}(x',y')$称为像函数。当物体通过透镜成像时，如果频谱没有损失或者改变，则像函数和物函数相似，像与物完全相同。当物体通过透镜成像时，如果频谱有所损失或改变，则像函数和物函数不相似，像与物也就不会完全相同。例如，透镜的口径总是有限的，空间频率超过一定限度的信息，因衍射角度过大而从透镜的边缘处漏掉，如图 11-9 所示。所以，在相干成像系统中，透镜本身就是一个“低通滤波器”。当丢失了高频信息的频谱再合成到一起时，图像的细节就会变得模糊。要提高系统成像的质量，首先应该扩大透镜的口径。另一方面透镜本身也可能存在缺陷，例如，在成像的光学系统中存在着像差，不仅使高频成分丢失了，其他较低频率成分在光的传播中也受到影响，某些低频成分的振幅突然降低，或者位相改变。上述两个原因使得后焦面上实际的频谱分布$\widetilde{E}'(u,v)$不再是物函数$\widetilde{E}(x,y)$的傅里叶变换的结果$\widetilde{E}'(x',y')$，因此像与物不会完全相同，它们之间总是存在一定的差别。

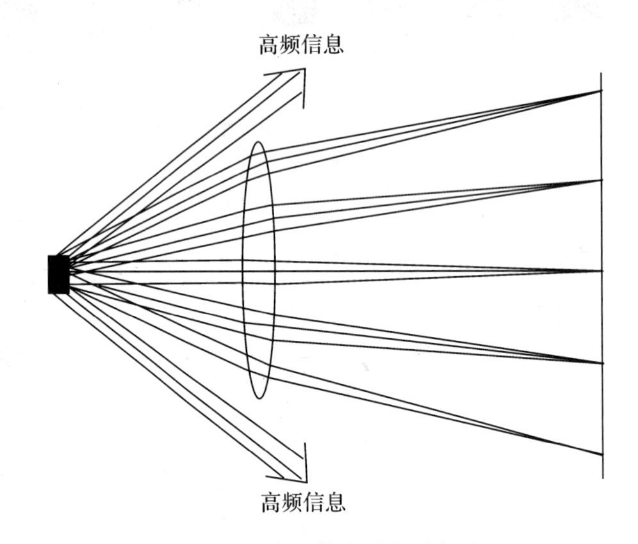

图 11-9　高频信息丢失示意图

图像还原并非人们的唯一要求，人们还有更为积极的需要，那就是设法去改造图像。例如，在透镜的后焦面上放置不同的光圈或光环可以起到选频的作用，改变原物体的频谱，合成输出后，就可达到改造图像的目的。

第四节　模糊图像的光学处理

阿贝成像原理的真正价值在于，它为我们提供了一种不同于几何光学的新观点，这就是两次衍射成像的观点。在这里首次提出了频谱的概念，并用频谱的语言来描述光信息图像，启发人们用改变频谱的手段来进行图像处理，从而达到改变图像的目的。

一、空间滤波实验

阿贝—波特空间滤波实验是对阿贝成像原理的最好证明。空间滤波是指在图像的频谱面上放置一些被称为滤波器的物体，如圆孔、圆屏、圆环、狭缝、相位板等，它可以改变物体的频谱分布,对光学图像进行处理。

阿贝—波特实验装置如图 11-10 所示,以细丝做成的网格作为物平面,平行激光束垂直照射在网格上,通过透镜在其后焦面上得到网格的空间频谱。它是由许多亮点组成的,实际上是一些圆圈花斑构成的方格点,如图 11-11(a)所示,沿着水平轴的亮斑对应于物的水平方向的空间频率分量,沿着竖直轴的亮斑对应于物的竖直方向的空间频率分量,不在轴上的亮斑对应于物平面上相应衍射角的分量。这些频谱综合后在像平面上重新组合,复现出网格的像。

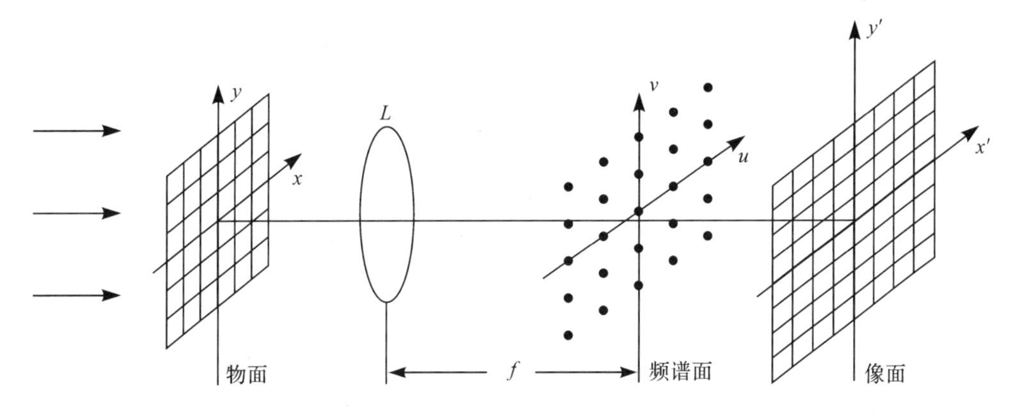

图 11-10　阿贝—波特实验装置

透镜的后焦面通常称为频谱面,在上面可以放置不同结构的光栏,例如狭缝、圆孔、圆环或小圆屏等,以此来改变物体的频谱,达到改变像的目的。在频谱面上放置的改变物体的空间频谱的器件统称为空间滤波器。图 11-11(a)和(b)分别是未放置空间滤波器前网格的频谱和像的照片。当在频谱面上放置一个水平方向的狭缝,只允许水平方向的一排频谱成分通过时,像只包含网格的垂直结构,而没有水平结构,如图 11-12(a)和(b)所示。这表明,对像的垂直结构有贡献的是频谱成分的水平组合。

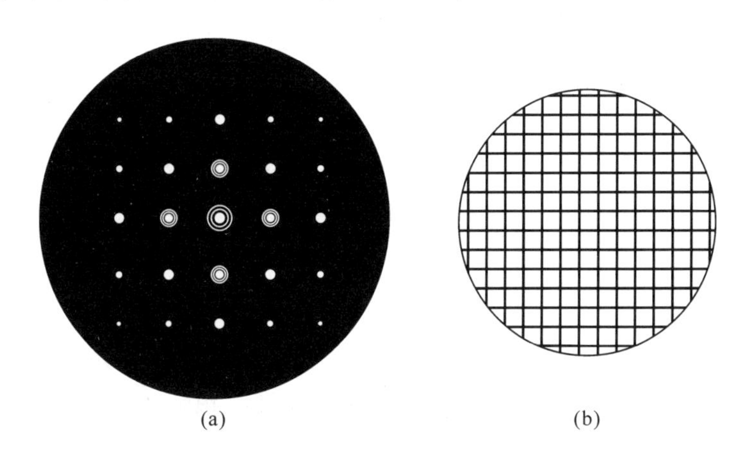

图 11-11　未放置空间滤波器的网格频谱和像

(a)频谱;(b)像

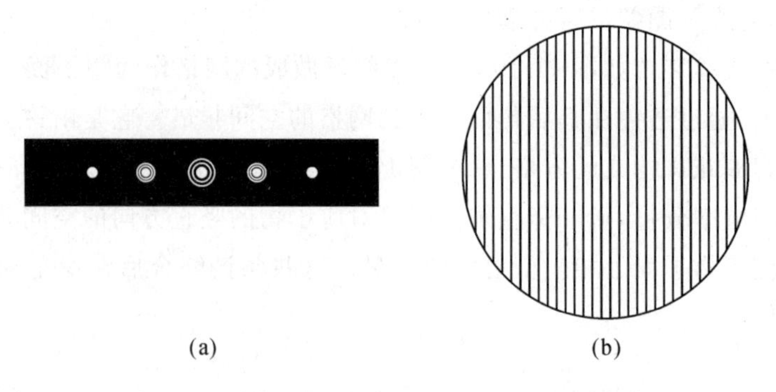

图 11-12　放置水平方向狭缝后的空间频谱和像

(a)频谱;(b)像

当把水平方向的狭缝旋转 90°成为垂直方向的狭缝,并只让一列垂直方向的频谱成分通过时,所成的像只有水平结构,如图 11-13(a)和(b)所示,说明对像的水平结构有贡献的是频谱成分的垂直组合。如果在频谱面上放置一个可变圆孔光栏,当光栏的孔径很小时,只允许中央亮斑这一频谱成分通过时,则在像面上只能看到一片均匀亮度、没有网格的像。当光栏逐渐增大,通过的频谱成分不断增多时,便可以看到网格的像由模糊逐渐变得清晰。还可以用其他的空间滤波器来进一步改变像的结构,例如,在使用水平狭缝时,如果又用能使光屏挡住奇数级频谱,只让偶数频谱通过时,那么将看到像的垂直结构比原来的密度增加一倍。

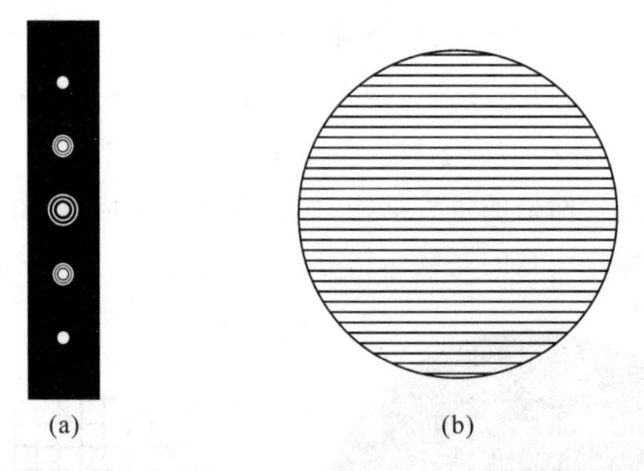

图 11-13　放置垂直方向狭缝后的空间频谱和像

(a)频谱;(b)像

二、模糊图像的光学处理

阿贝一波特实验演示了物体的频谱对它成像质量的影响,为今天进行光学图像处理提供了理论和实验基础。更重要的是阿贝成像原理提出了用一种新的频谱语言来描述图像信息,启发人们用改变频谱的手段来改变图像信息,从而达到改变图像质量的目的,这种方法正是现代光学信息处理的基本概念和方法。

我们知道，有些照片因为当时拍摄的原因，如气候条件不好等，使得照片模糊不清或者灰度过大，这些照片非常珍贵但又不能重拍，这时可以将照片通过双透镜系统，又称 $4f$ 光学信息处理系统，对图像进行光学处理。当照片中的低频成分过多时，可在透镜后的频谱面上加入一个高通滤波器——小圆光屏，去掉一部分低频成分，相对提升了高频分量，再在光路成像位置处装上底片重新曝光。这时照片的模糊程度就会降低，灰度就会减少，大大地提高了照片的清晰度。当照片中的高频成分过多时，可在透镜后的频谱面上加入一个低通滤波器——小圆孔，挡掉一些高频成分，相对提升了低频分量，在光路成像位置处再次曝光，所获得的景物照片更加清晰，人物照片中的人物更加年轻。

复　习　题

1. 何为光的干涉现象？何为光的衍射现象？两者如何区别？
2. 全息摄影为何能记录三维立体图像？全息照片如何拍摄和观看？
3. 何为现代光学成像理论？如何通过空间滤波来提高图像的清晰度？

摄影实验报告单(一)

学院________ 班级________ 姓名________

一、人物摄影

1.拍摄要求:以老师指定的人物为拍摄对象,自行设计主题进行拍摄,照片放大为4寸(85mm×125mm)。

2.拍摄主题:____。

3.气候条件:____。

4.拍摄参数:光圈________,快门________,距离________。

5.粘贴照片处:

A. 构图创意：

B. 拍摄说明：

C. 照片分析：

摄影实验报告单(二)

学院________　班级________　姓名________

二、风景摄影

1. 拍摄要求：以自然风光为拍摄对象（不要人物），自行设计主题进行拍摄，照片放大为 4 寸（85mm×125mm）。

2. 拍摄主题：____。

3. 气候条件：____。

4. 拍摄参数：光圈________，快门________，距离________。

5. 粘贴照片处：

A. 构图创意：

B. 拍摄说明：

C. 照片分析：

摄影实验报告单(三)

学院________ 班级________ 姓名________

三、特技或科技摄影

1. 拍摄要求:以教材第八章所讲述的内容,自行设计主题进行拍摄,照片放大为 4 寸(85mm×125mm)。

2. 拍摄主题:____。

3. 气候条件:____。

4. 拍摄参数:光圈________,快门________,距离________。

5. 粘贴照片处:

A. 构图创意：

B. 拍摄说明：

C. 照片分析：

主要参考文献

1. 陈勤，吴华宇．大学摄影教程．北京：人民邮电出版社，2010.
2. 陈勤等．数码单反摄影精要全掌握．北京：机械工业出版社，2011.
3. 段向阳等．摄影与成像技术．武汉：武汉理工大学出版社，2006.
4. 刘远航等．数码相机原理、性能与使用．沈阳：辽宁科技出版社，2000.
5. 穆强等．数字化摄影技术．北京：机械工业出版社，2008.
6. 王天平．应用摄影基础教程．上海：文汇出版社，2008.
7. 维斯摄影．数码摄影轻松入门．北京：科学出版社，2009.
8. 颜志刚．数码摄影教程．上海：复旦大学出版社，2004.